下班不用衝
縮時料理真輕鬆

人氣部落客
Viola（謝靜儀）——著

{推薦序1}

做菜也可以很優雅

靜儀跟我的緣分是從來上我的烹飪課開始。但是對她印象深刻是因為有一次我教了一堂被放鴿子的烹飪課。準備好了食材，搬了一堆東西，到了教室才發現預約的一家人約莫十位，早上臨時取消。靜儀是那時唯一來的學生，她很正面的說沒關係，我們一起做。或許因為這樣的態度，讓她累積出這本書的能量。

利用一些小技巧，簡單快速做出不隨便的菜，是這本書的精華內容。推薦給大家，下班不用衝回家，做菜也可以很優雅。

親子烹飪教養家　林家岑

{推薦序2}

讓烹飪成為你我最熟悉的日常幸福

「烹飪是一個使人們、社區和地球更幸福的關鍵！」這是 Cookpad 的創立使命，並持續積極在全球上百個國家中推廣。

延續這個信念，Viola 不藏私地和大家分享她的料理魔法，讓烹飪變得輕鬆有趣；美味的料理，就是日常最大的幸福！

cookpad 台灣區總經理 Daphne Hsu

{序言}

下廚教會我的是
愛家人這件事

我的第二本食譜書，這次想要跟大家分享的是容易準備的食材、跟運用更好的方式進行料理，讓料理也有一套 SOP，不再手忙腳亂，更不用一餐花很多時間料裡，等到肚子餓到受不了。

方向都確定好之後，開始進行了食譜撰寫、拍攝菜色以及編輯流程，第二本書也就是再一次的經歷這樣的過程，只是這次比較不一樣的是，在過程中我懷孕了，孕媽咪最害怕的前三個月，噁心反胃的狀態，就這樣跟隨著我，自己回想起來，都覺得怪可怕的，因為當時聞食物味道會極度不舒服的我，竟然可以在三天的時間內完成這本書裡的百來道菜色，謝謝編輯、攝影師、老公的幫忙，才能成就這本書。

很多朋友想要做料理，一開始的動力也是為了家人而開始的，家常菜色更是每天必備的選項，這本書想讓大家可以更快找到今天想吃、該準備的材料、料理過程一併說明白，所以不用擔心料理無法上手，依照書裡的說明，相信大家都可以料理出家人滿意的菜色。

自己料理的好處，食材自己選擇、調味上也更能依照自家的風味去做調整，避免掉外食過重的調味，隨時可以吃自己想吃的料理。料理其實最讓人持續下去的動力，就是一家人一起用餐的幸福感，很簡單卻是最能凝聚家人情感的時刻，

最後，從料理讓我明白，平凡的生活每天都在過，看著家人品嚐食物的樣子，嘴角上揚，簡單的話家常，心裡也就踏實幸福了。

Viola

Contents

{ 目錄 }

不必再跟時間賽跑
進廚房前採買&進廚房後料理順序的
必學縮時術

20 分鐘實戰攻略！60 道四週不重複的縮時主菜

雞肉料理

豬肉料理

牛肉料理

海鮮料理

Part 3 10分鐘實戰攻略！39道工序不麻煩令人吮指的縮時配菜

雞蛋、豆腐類

蔬菜類

Part 4 主菜＆配菜一次搞定！即使零廚藝也能端出高級感的一鍋料理

特別附錄 今天不趕時間，可以優雅做菜的假日食譜

縮時料理標準作業流程（前置作業、備料配製、料理）

前置作業（可同步進行）

2
分鐘

洗米放入電鍋

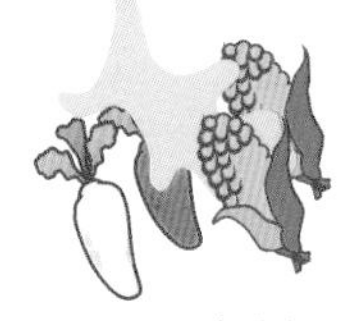

清洗食材

5
分鐘

準備一鍋滾水（煮湯用）

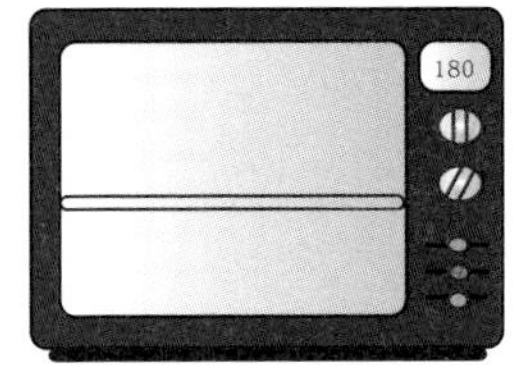

菜色有用到烤箱，
可以先進行預熱

備料步驟（可同步進行）

10
分鐘

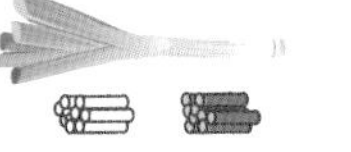

分切食材、醬料準備

醃製需要入味的食材

料理步驟（可同步進行）

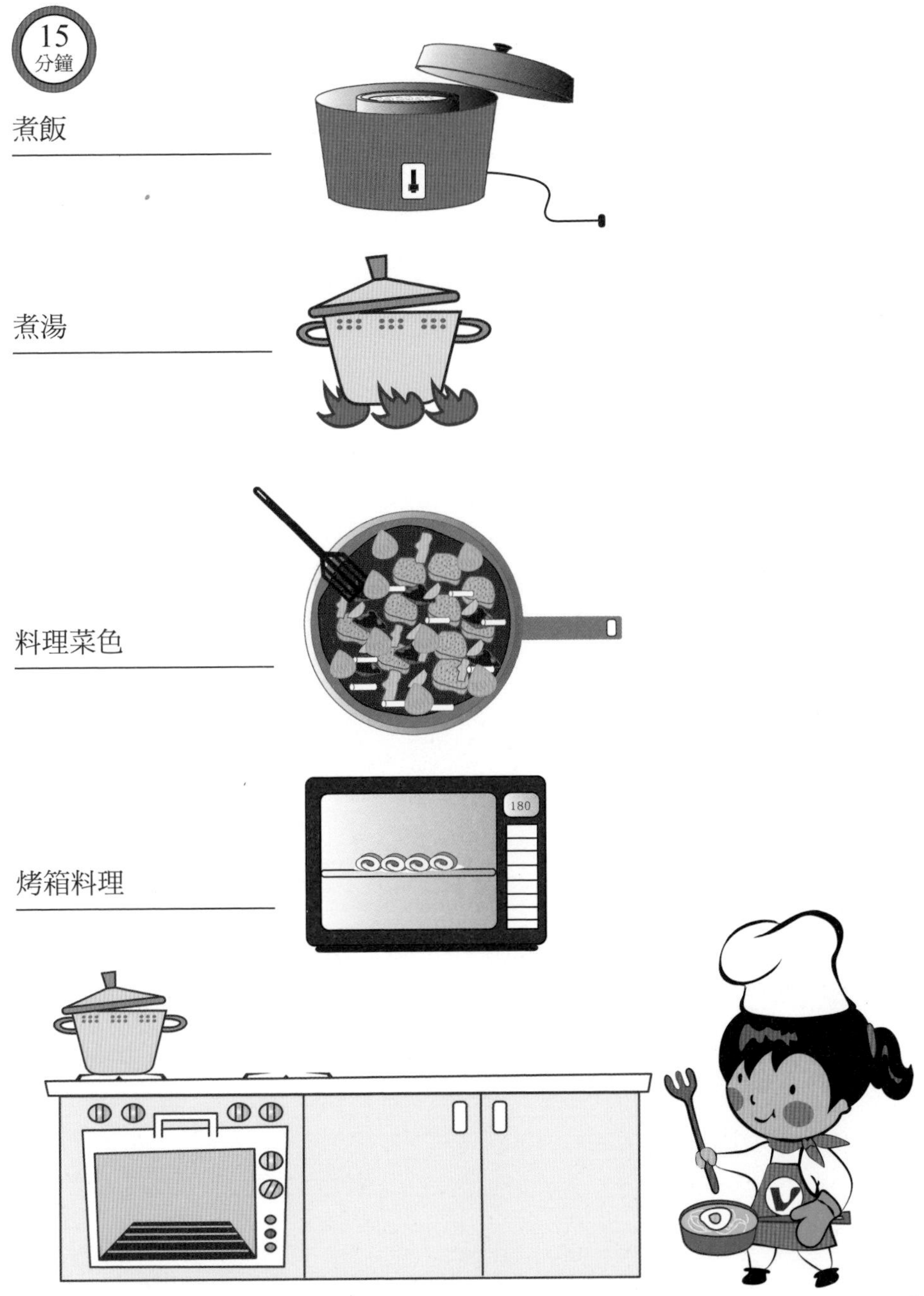

PART 1

不必再跟時間賽跑！
進廚房前採買＆進廚房後
料理順序的必學縮時術

進廚房前的採買＆分裝技巧

1

購買前要先想好晚餐要吃什麼？

如果等到下班衝到賣場再想晚餐要吃什麼，就太慢了！因為如此一來，不僅會花太多時間在尋找食材，也很容易漏買想做的那一道料理中的某些材料。例如主菜如果是紅醬咖哩，材料會用到去骨的雞腿肉、紅咖哩醬、檸檬葉、紅蔥頭、椰漿、椰子汁、魚露等等，如果沒有事先想好，或是事先筆記，難免漏掉其中的一兩樣，雖然外觀上上還是可以做出差不多的料理，但少了其中一、兩樣調味料，難免風味上還是會有所不同。所以為了避免耗時又做不到位，最好的辦法就是先規劃好晚餐的主菜與配菜，這樣不但可以精省時間，也能避免漏東漏西。

2

購買稍微清洗或去皮即可下鍋、易熟、好入味的配菜是最佳選擇

其實做菜最花時間的，還真不是下鍋的那一剎那〈當然燉、滷菜餚除外〉，依照我的做菜經驗，通常時間都是花在配菜洗洗切切這些環節上，但對於上班族來說，下班時間分分秒秒都很寶貴，所以我的作法就是儘量不要買需要清洗得很徹底的食材，而是稍微洗一下、只要去個皮、稍微拌炒一下調味就可以起鍋的，就是我的最愛，像是菇類、芽菜類、豆腐類製品、絲瓜、瓠瓜這類，就很常出現在我家餐桌，但綠色葉菜類或是高麗菜這類需要比較多時間清洗的，我還是常選用，只是在處理順序上就會有所不同。

3

採買回家後的整理技巧：依料理方式切割&依每餐所需份量分裝

我很少下班後才去買菜，會特別去買的，通常是會用到但家裡剛好沒有，因為如果買完菜再回家做菜，通常開飯時間就會拖得更晚。身為職業婦女，我的作法通常會利用假日把一週所需的主菜類食材一次夠足，然後再依照每一餐食用份量以及料理的方式，去做切割及分裝後冷凍，前一晚拿下來解凍。這樣做有一個好處，就是不用每天傷腦筋到底要吃些什麼？只要依照前一晚備好的材料去料理就可以了。

4

肉類冷凍保存的必學要訣

一不注意，肉就很容易發臭滲出血水，所以我的作法是準備一個鋁製的托盤讓肉能夠達到急速冷凍的效果。我會把將每次會使用到的量放在盤子上舖平，倒入適量的水蓋過食材，一起放到冷凍庫，讓食材跟水一起結冰，就能有效避免食材水分流失。像是蝦、貝類、很適合這樣的冷凍保存法。
如果沒有鋁製托盤，可以直接放入放入保鮮盒，一樣注入清水蓋過食材，蓋上盒蓋後直接冷凍保存。如果要冷凍整條魚，記得要先把內臟去除，以免腥味過重。

如果是辛香料之類的食材，會把洗切好的蔥末、薑末、大蒜末，擦乾水分後，分裝到保鮮盒裡面，再移入冷凍，每次要用時，可以取一點出來，可以大大節省每次洗、切的時間，大家不妨試試這個作法。

進廚房後的料理順序＆清洗處理

1

洗米煮飯這件事排序永遠在第一

回家時間兵荒馬亂，所以常常會忘了煮飯這件事，有時菜都煮完了，才想到還沒煮飯。所以煮婦們，大家一定要養成習慣，進廚房第一件事就是洗米煮飯。這個動作只要花大家 2 分鐘不到，剩下的就交給電鍋去執行，但因為需要比較久的時間，所以一定要記得：煮飯、煮飯、煮飯！因為重要，所以說 3 次。

2

需要進行醃製的材料，放在第二順位

不管是雞肉、豬肉還是牛肉這些食材都要進行醃製，且至少都要 15 分鐘以上。所以通常我會把它放在第二個步驟來處理，有些人為了省時，會省略這個步驟，但我不建議這麼做。因為常用的醃料：酒、醬油，牛奶或是含有蛋白質分解酵素的木瓜、鳳梨等等等都有軟化肉質的作用，所以在加烹調前，能讓醃料進入肉裡面，讓它充分吸收，就可以很快把肉煮軟，或者去除腥味。當然，醃製前一定要仔細把筋切除，或用刀背敲打一下肉，把纖維拍斷，才能做出軟嫩口感。

3

處理需要用流水清洗的食材

我會把清洗蔬菜放在排序 3。

如果是葉菜類，為了要去除泥土，所以我會把根部切除後，把葉子一葉一葉剝開，先沖洗一遍，放在洗菜盆裡浸泡，並以流動的水清洗時間會持續 10 分鐘以上。如果是高麗菜，除了以上步驟，還會別把皺褶部分清洗乾淨。

芽菜類的話有些會有漂白劑的疑慮，所以會先將豆芽菜浸泡在水中，且一定會換 1～2 次的水，因為時間上不允許，所以除根鬚部分我通常是不摘除的，但如果有口感和外觀上的堅持，可以在前一天清洗摘除乾淨，再密封冷藏。

如果是需要去筋的蔬菜，像是芹菜、四季豆、豌豆莢等等。這些比較需要時間處理的食材，以四季豆、豌豆莢來說，我通常會在前一晚事先處理，等下班回到家，就可以直接下鍋去炒，而芹菜較硬的筋因為可以利用削皮器簡單去除，所以在烹調前再處理就好。

蘆筍則是洗淨後會切除根部 2 公分，再用削皮器削除硬皮，這樣吃起來就不會太老。

洗完之後要切，但蔬菜到底該怎麼切才對？有些人因為下班後的時間很緊迫，所以切菜也很隨性，怎麼切並不是很在意。但其實切菜時順紋切跟逆紋切，對口感可是會有很大的影響。

如果切斷纖維，也就是逆紋切，咬起來的口感會比較軟，在烹煮的過程中也比較容易入味。若沿著纖維切，咬起來的口感較有清脆感。所以可以依照個人喜愛的口感來決定是順紋還是逆紋切。

4

電鍋、炒鍋、平底鍋、烤箱是最佳的輔助煮具

為了能儘快滿足嗷嗷待哺的每一張嘴，我把能使用的烹調工具全都用上了，最基本的電鍋是第一時間按下開關的，炒鍋則是用來可以讓配菜快速上桌的基本配備。平底鍋都常用來煎煮主食類，像是魚、雞排、肉片等等，所以我在料理時，通常一個爐火在煎煮主食，另一個爐火則在炒製配菜。但如果主食利用烤箱烤製的話，那麼另一個爐火就可以用來煮湯。所以在設計晚餐時，可以選擇利用不同煮具的料理方式，這樣就可以一次進行多道料理。

使用微波爐加熱真的很方便，只要記得加熱時，有些要用保鮮膜，有些則不需要。如果是需要散發水分的料理，像是油炸類、燒烤類、炒菜這些不必使用保鮮膜，而燉菜、清蒸菜、湯類、飯這些要保留水分的，就記得加一層保鮮膜。

5

邊煮邊備料的交錯流程是能順利達標的重要關鍵

對於喜歡按部就班的人來說，會習慣把所有材料全部都洗好、切好再一起下鍋烹調，這個方法對於想要優雅做菜的人可以這麼做，但對於想要快速上菜的煮婦們，這個作法就不是那麼適合。

因為要節省時間的關係，所以在清洗蔬菜的同時，可能就會同步進行煎煮或是烘烤主菜的動作，在切洗配菜的同時，就會順便煮湯、燉肉，製作流程中不斷的交錯進行，這樣才能真的省時。

對於新手來說，或許一開始並不適應，一旦習慣了這樣的做菜節奏，甚至找出適合自己的交錯方式，或許不用 30 分鐘，就能做出一桌有主菜有配菜的下飯料理。

6

肉類醃製這樣做最省時

肉類要好吃，醃製步驟是不能省略的，我在醃製肉絲、肉片時，最常用的方法，就是把它們裝入塑膠袋中，接著放入所有的醃料，然後把袋口綁起來後直接搓揉按摩 3～5 分鐘來加速入味後再靜置。至於要靜置多久？還是要按照肉品的厚薄來增減時間，如果是肉絲、薄片之類的，大約 10 分鐘左右即可，但如果是豬排、雞排有一定厚度的食材，至少都要 20 分鐘以上。

所以，如果是厚片肉排的食材，我通常會在前一晚或是上班前花 5 分鐘把它放在保鮮盒裡，再加入所有醃料，用力搖晃一下就放冰箱冷藏，下班回到家就可以直接入鍋烹調，這樣不但節省了不少時間，同時入味效果更好。

7

練習正確入鍋順序，就能有效避免一直洗鍋所造成時間上的浪費

我不是個煮一道菜就會洗一次鍋的人，一方面我覺得這樣很浪費時間，另一方面，有些不沾鍋剛煮完就去沖冷水，容易破壞表面塗層，鍋子很容易損壞。所以在不會每次清洗鍋子的前提下，為了避免做出來的菜味道會混雜到前一道的味道，我通常會從調味比較淡的菜開始入鍋，例如只是單純用鹽巴調味的炒青菜就會先入鍋，雖然同樣是青菜，但調味方式比較複雜的就會放在後面來處理，如此一來就能避免一直洗鍋所造成時間上的浪費。

8

比起單獨炒，配菜可以兩種食材一起烹調，暨省時又有無限變化

料理時把配菜的兩種食材炒在一起，這是我覺得可以節省時間一個很不錯的方法。當然前提是這兩種配菜的風味是適合炒在一起的。例如，我常常會把木耳切細絲後，跟黃豆芽與少許紅蘿蔔絲炒在一起，由於熟成時間差不多，且口感上也很搭，所以這道菜很常出現在我家餐桌上。

這樣做有時並不完全是為了要節省時間，而是透過不同的食材搭配，吃的時候更能有不一樣的新鮮感，對於喜歡變化菜色的人來說，或許可以自己嘗試做一點不同的搭配，也許會有意料之外的美味。

PART 2

20 分鐘實戰攻略！
60 道四週不重複的縮時主菜

01
黃咖哩雞

鹹味 ☆☆☆☆☆
甜味 ★★☆☆☆
辣味 ★★★★☆
香味 ★★★☆☆

縮時祕密武器
炒鍋

食用份量

準備工作 1-2
洋蔥、馬鈴薯、紅蘿蔔切塊、雞腿肉切塊

烹調料理 1
燙煮馬鈴薯紅蘿蔔
煎香雞塊

烹調料理 2
炒香洋蔥咖哩粉
與所有材料煮至濃稠

食材

去骨雞腿肉 2 片，馬鈴薯 1 顆，紅蘿蔔 1 根，洋蔥 1 顆

調味料

市售盒裝咖哩塊 2 小塊，咖哩粉 1 小匙，糖 1 小匙，番茄醬 2 大匙，優酪乳 50 ml

準備工作

1. 洋蔥洗淨，去除外皮與頭尾，切大塊；馬鈴薯與紅蘿蔔均去皮，切成滾刀塊，與雞肉大小不要落差太多，以免燉煮時間不好掌握。
2. 雞腿肉洗淨後，切成塊狀。因為在烹煮的過程中，雞肉會縮水，所以切的時候記得不要切得太小，一片大約切成 6～8 塊。

烹調料理

1. 鍋中倒入 600 ml 的水煮滾，放入馬鈴薯與紅蘿蔔塊，以中火燙煮約 3 分鐘，撈出後瀝乾水分備用；將雞塊皮面朝下排入底鍋中，用小火慢煎，把油脂煎出來後，將雞肉塊先撈出盛盤或移到鍋邊。
2. 放入洋蔥片炒出香氣（圖 1），放入咖哩粉（圖 2）、咖哩塊繼續炒到香味逸出（圖 3），再將雞塊翻面後移到中間位置，放入馬鈴薯與紅蘿蔔塊一起拌炒均勻，倒入清水蓋過材料（圖 4），蓋上鍋蓋，改成小火燉煮約 20 分鐘，打開鍋蓋，加入糖、番茄醬、優酪乳拌勻即可。

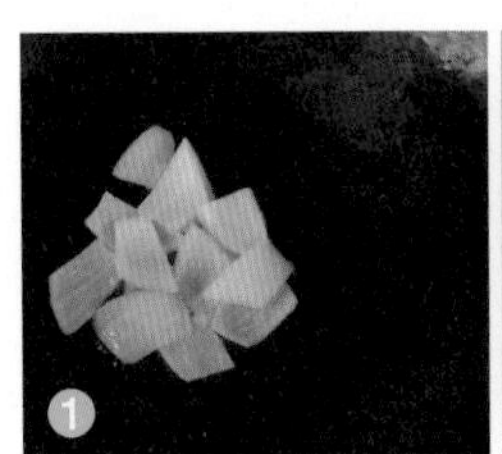

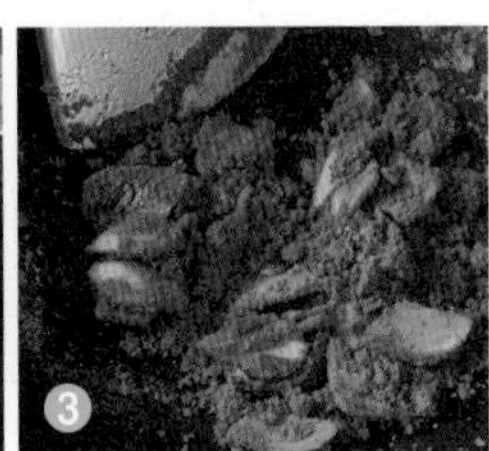

Viola's TIPS

1. 洋蔥在切塊時，記得不要切得太細，這樣煮出來就能保持有微脆的口感。
2. 馬鈴薯與紅蘿蔔切成滾刀塊的大小，只要比雞腿肉略小一點，這樣燒煮出來的樣子也會比較好看。
3. 將咖哩塊炒出香氣是很重要的步驟，可以增加整道菜的風味，也會讓咖哩更好吃。

鹹味☆☆☆☆☆
甜味★☆☆☆☆
辣味★★★★☆
香味★★★★☆

02
綠咖哩雞

縮時祕密武器
平底鍋

食用份量

準備工作 1-2
雞腿肉切塊
香茅洗淨

烹調料理 1
煮滾椰漿

烹調料理 2-3
加入綠咖哩醬
與所有材料煮至濃稠

食材

去骨雞腿肉 2 片，檸檬葉 2 片，新鮮香茅 1 枝，椰漿 200 ml，清水 300 ml

調味料

紅咖哩醬 2 大匙，糖 2 大匙

準備工作

1. 雞腿肉洗淨後，切成塊狀。因為在烹煮的過程中，雞肉會縮水，所以切的時候記得不要切得太小，一片大約切成 6～8 塊。
2. 香茅洗淨，去除根部切成長段。

烹調料理

1. 鍋中倒入椰漿，以中小火煮滾，透過這樣的燒煮過程，不但把香氣完全釋放出來，也讓整體湯汁更濃郁香醇。
2. 加入綠咖哩醬後攪拌均勻到完全與椰漿融合，加入檸檬葉、香茅、雞肉、清水、糖拌勻，改成小火，蓋上鍋蓋續煮大約 15 分鐘，直到雞肉熟透後開蓋，即可盛盤上桌。

Viola's TIPS

1. 這道料理是很受歡迎的菜色，本身也是帶有湯汁，但比起紅咖哩雞，這一道的味型更辣。
2. 這裡所使用的糖是台灣很容易取得的二砂，但如果想要更趨近東南亞的風味，我會建議使用棕櫚糖，這樣不論在香氣上或是整體呈現出來的風味都會更好。

鹹味☆☆☆☆☆
甜味★☆☆☆☆
辣味★★★☆☆
香味★★★☆☆

03 紅咖哩雞

準備工作 1-2
雞腿肉切塊
紅蔥頭切片洗淨香茅

烹調料理 1
煮滾椰漿

烹調料理 2
煎香雞塊加入紅咖哩醬
與所有材料煮至濃稠

縮時祕密武器
平底鍋

食用份量

食材

去骨雞腿肉 2 片，檸檬葉 6 片，紅蔥頭 5 顆，新鮮香茅 1 枝，椰漿 200 ml，椰子汁 330 ml

調味料

紅咖哩醬 2 大匙，咖哩粉 1 小匙，魚露 1 大匙，糖 1 大匙

準備工作

1. 雞腿肉洗淨後，切成塊狀。因為在烹煮的過程中，雞肉會縮水，所以切的時候記得不要切得太小，一片大約切成 6～8 塊。
2. 紅蔥頭洗淨，去除頭尾及外皮，切成片狀；香茅洗淨後，去除根部切成長段。

烹調料理

1. 將雞塊皮面朝下排入平底鍋中，用小火慢煎，把油脂煎出來後，雞肉移到鍋邊，放入紅咖哩醬以及咖哩粉一起拌炒，直到香味逸出，再將雞塊翻面後移到中間位置。
2. 加入紅蔥頭片及新鮮香茅段繼續拌炒到有聞到紅蔥頭片的香氣後，倒入椰漿、椰子汁與檸檬葉，以中火一起燒煮至醬汁煮滾至雞肉熟透，即可加入糖與魚露，拌勻後盛入有深度的盤中。

Viola's TIPS

1. 這道料理主要的味型比較偏東南亞的風味，本身是帶有湯汁帶有點微辣，所以算是比較下飯的料理。
2. 另外加入咖哩粉，是因為可以讓整道菜的色澤跟風味會比較好。
3. 利用雞皮煎出的油脂炒香醬料是很重要的，這樣炒出來的醬料，香氣會比較充足。另外，我所使用的平底鍋是不沾鍋的，如果使用的是會沾鍋的鍋具，就要熱鍋冷油，再放入雞塊。

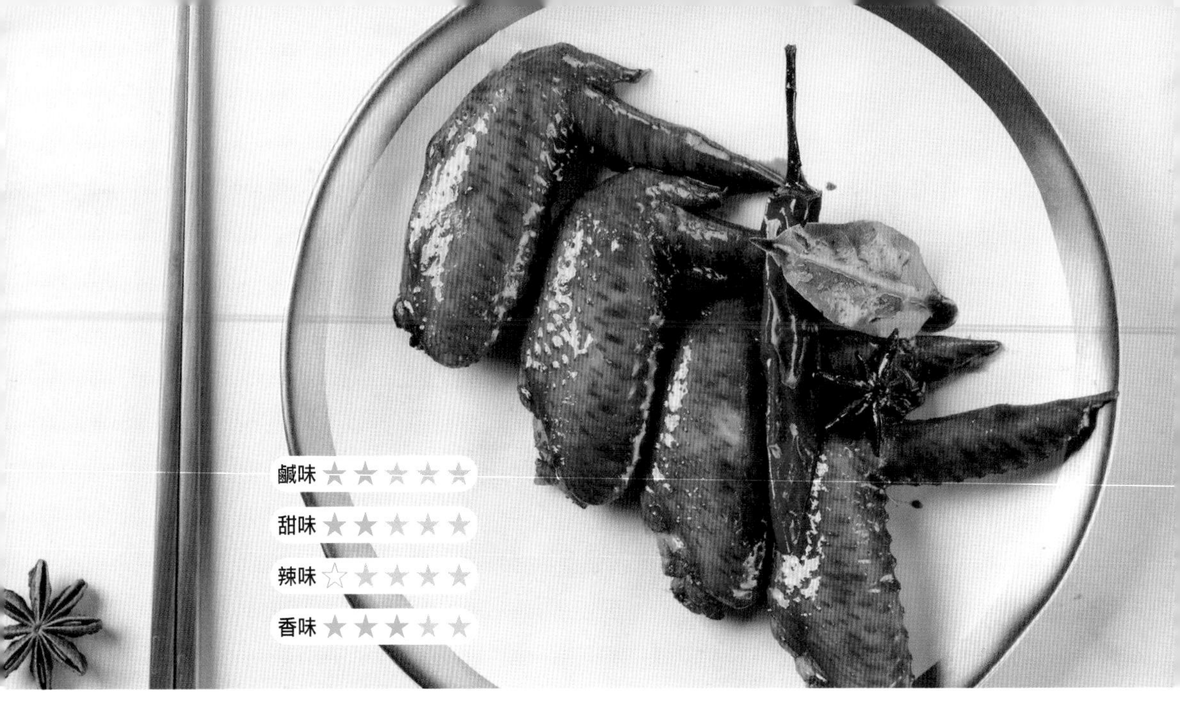

04 醬滷雞翅

準備工作 1
處理辛香料
二節翅洗淨

烹調料理 1
所有材料放深鍋

烹調料理 2-3
先滷10分鐘關火
續燜15分鐘以上

縮時祕密武器

深鍋 

食用份量  

食材

二節翅 5 支，蔥 2 枝，辣椒 1 枝，薑 3 片，八角 3 顆，月桂葉 2 片

調味料

甘甜醬油 200 ml，糖 90 克

準備工作

1. 八角、月桂葉、二節翅分別洗淨；蔥洗淨後切長段，辣椒洗淨後備用。

烹調料理

1. 準備一個深鍋，放入醬油以及糖，以中火煮滾，放入所有材料。
2. 將火力調整為小火，滷煮約 10 分鐘，10 分鐘之後關火並蓋上鍋蓋。
3. 繼續燜約 20 分鐘以上，如果時間允許可再延長 10 分鐘，這樣不僅可以讓雞翅更入味，顏色上也會更漂亮，開蓋後取出二節翅排入盤中，淋上醬汁即可上桌。

Viola's TIPS

1. 這道料理在味型上比較偏鹹甜風味，是以醬油跟糖做醬滷，所以選擇一款自己喜歡的醬油，這樣滷出來的雞翅，家人接受度會更高。
2. 醬滷雞翅不但可以熱熱的吃，如果是夏天，也可以放涼後再食用，吃起來的口感會更加 Q 彈。

05 彩椒核桃雞丁

縮時祕密武器
平底鍋

食用份量

 5分	 2分	 20分
準備工作 1-2 醃製雞丁 處理配料	烹調料理 1 煸炒核桃	烹調料理 2 煎肉丁上色加醬汁燒煮，加入其他配料

食材

雞胸肉 200 公克，核桃 100 公克，黃彩椒 1/2 個，紅彩椒 1/2 個，蒜頭 4 小瓣

調味料

A：全蛋 1/2 顆，醬油 1 大匙，玉米粉 1 大匙
B：醬油 2 大匙，蜂蜜 1 大匙，香油 1 小匙

準備工作

1. 雞胸肉洗淨、切丁，放入調味料 A 料拌勻醃製約 20 分鐘，黃彩椒、紅彩椒洗淨、去蒂及籽，切丁備用，蒜頭洗淨，去皮切末。
2. 將調味料 B 的醬油跟蜂蜜先拌勻。

烹調料理

1. 鍋子裡放入核桃稍微煸炒一下，煸香後取出。
2. 鍋中倒入 1 大匙油燒熱，將醃好的肉丁放入，用小火慢煎，讓肉的表面都上色熟成，倒入已經混勻的醬油還有蜂蜜進行燒煮，等到煮滾後，再加入彩椒丁進行拌炒，直到把彩椒丁炒軟就可以轉中火，把核桃放入再快速拌炒，最後淋上 1 小匙的香油即完成。

Viola's TIPS

1. 這道菜帶有一點點甜，還有一點點微鹹的口感。
2. 如果醃漬雞肉時想要更入味，可以醃漬 30 分鐘以上。對於趕時間的上班族來說，如果可以在前一晚就先行醃漬，可以省下不少時間。

鹹味 ★★★★★
甜味 ★★★★★
辣味 ☆★★★★
香味 ★★★★★

06 墨西哥辣烤棒棒腿

縮時祕密武器
烤箱

食用
份量

5分
準備工作 1-2
醃製棒棒腿、
裹上麵粉

烹調料理 1
烤箱預熱

烹調料理 2
放入烤箱烘烤

食材

棒棒腿 5 支

調味料

匈牙利紅椒粉 3 大匙，番茄醬 3 大匙，蜂蜜 3 大匙，檸檬汁 3 大匙，麵粉 3 大匙，橄欖油 1 大匙

準備工作

1. 棒棒腿清洗乾淨，以匈牙利紅椒粉、番茄醬、蜂蜜、檸檬汁、橄欖油一起抓拌均勻後，醃漬 15～20 分鐘。通常我會在前一晚事先醃漬好後放冰箱冷藏，這樣下班回到家就可以馬上進行烹調，不但入味又能節省不少時間。
2. 要放入烤箱之前，再將棒棒腿均勻裹上麵粉。

鹹味

甜味

辣味

香味

烹調料理

1. 烤箱預熱至 200℃，或者以 200℃預熱 10 分鐘。
2. 烤盤上事先鋪上烘焙紙，再將棒棒腿放在烤盤上，這樣就可以有效避免沾黏，排好後放入烤箱烤 20 分鐘即可取出。

Viola's TIPS

1. 這道菜的味型比較偏鹹酸辣一些，屬於大人風味的下飯料理，平常做為點心也很適合。
2. 一般家用烤箱左右兩側的烤溫會有落差，所以烘烤 10 分鐘後，將烤盤取出前後掉頭，再繼續，讓就能讓棒棒腿上色更加均勻，上色也會更好看。
3. 如果喜歡辣味更明顯些，可以另外加入 tabasco 辣椒調味醬來調整辣度。

鹹味 ★★☆☆☆

甜味 ★★☆☆☆

辣味 ★☆☆☆☆

香味 ★★★☆☆

Viola's TIPS

1. 這道料理的口味偏甜、偏酸，還有魚露的鹹味，這裡的作法有別於餐廳用炸的，是用煎的方式來呈現，這樣在家會更容易跟做，在口感及味道上也會比較清爽。
2. 如果喜歡皮面部分更脆口一些，可以增加煎煮的時間，要將雞腿肉片兩面都煎成金黃上色，原則上大概要花 15 分鐘，且火力始終保持小火，才能讓肉完全熟透。

07
椒麻雞

縮時祕密武器
平底鍋

食用份量

準備工作 1-2
雞腿肉面劃刀、處理醬料食材、洋蔥切絲

烹調料理 1
煎香雞腿排至金黃上色

烹調料理 2-3
淋上椒麻醬汁

食材
去骨雞腿肉 2 片，香菜 2 枝，辣椒 1 枝，大蒜 5 小瓣，洋蔥 1/2 顆

調味料
檸檬汁 2 大匙，魚露 2 大匙，糖 2 大匙

準備工作
1. 去骨雞腿肉洗淨，在肉面劃幾刀，可以幫助斷筋（圖1），也可以預防在烹煮的過程中，縮水得太過嚴重，讓外型呈現上更為美觀。香菜洗淨、辣椒洗淨去蒂，與洗淨的大蒜一起切末。
2. 洋蔥洗淨、去皮後，切成細絲泡冰水，撈出瀝乾備用。

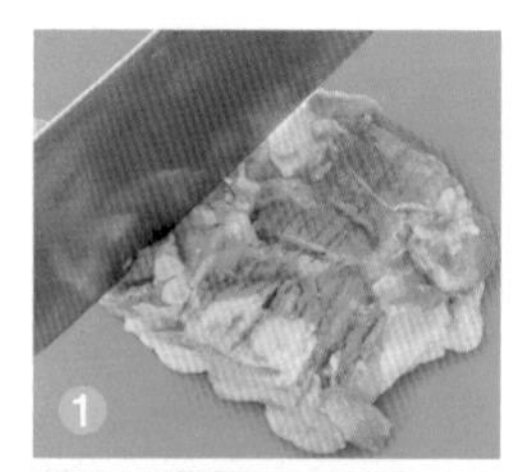
1

烹調料理
1. 將雞塊皮面朝下排入平底鍋中，用小火慢煎，把油脂確實煎出來呈現金黃色後，翻面，繼續把肉質部分也煎金黃上色，即可撈出。
2. 碗中放入檸檬汁、魚露、糖（圖 2），以及香菜末、辣椒末、大蒜末混合拌勻成調味醬汁備用（圖 3）。
3. 取一個盤子，先以洋蔥絲鋪底，放上雞腿肉片，最後淋上調味醬汁即完成。

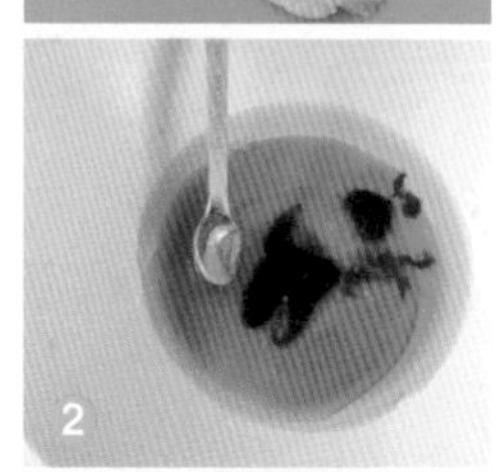
2

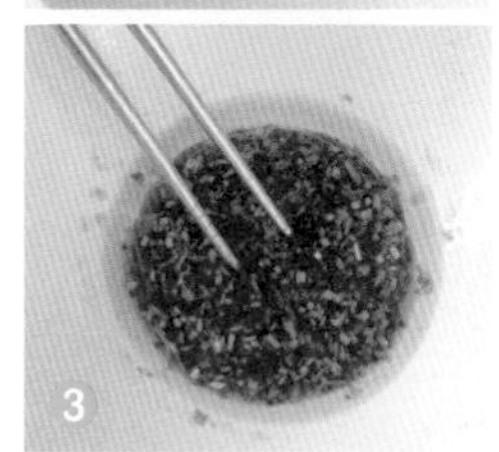
3

鹹味 ★★★★★
甜味 ★★★★★
辣味 ☆★★★★
香味 ★★★★★

08
栗子燒雞

縮時祕密武器
平底鍋

食用份量

準備工作 1-4
雞腿肉切塊
處理其他配料

烹調料理 1
雞腿排煎至上色

烹調料理 2
所有的材料煸炒
燒至入味

食材

去骨雞腿肉 2 片，栗子 200 克，乾香菇 6 朵，蒜頭 8 顆，薑片 6 片，蔥 2 枝

調味料

A：醬油 1 大匙，紹興酒 1 大匙

B：糖 1 大匙，紹興酒 2 大匙，清水 350 ml

準備工作

1. 去骨雞腿肉洗淨後，切成塊狀。因為在烹煮的過程中，雞肉會縮水，所以切的時候記得不要切得太小，一片大約切成 6～8 塊。
2. 乾香菇要先進行泡水讓它脹發，原則上使用的是冷水，而需要完全泡發大約要 1 個小時左右，所以通常我會在前一晚預先泡水後，取出，擰乾水分。
3. 蒜頭洗淨去皮後，使用一整顆；蔥洗淨後切長段。
4. 切塊的雞肉放入碗中，加入調味料 A 進行醃製約 20 分鐘。

烹調料理

1. 鍋子裡倒入 1 大匙油，將醃好的雞塊皮面朝下排入平底鍋中，讓雞腿肉的表面都可以上色，因為肉是有醃製過的，所以要用小火慢煎，將兩面煎至上色後移到鍋邊。
2. 放入香菇炒到香味逸出，再放入蒜頭、薑片、栗子，把所有的材料都稍微煸炒一下，煸香後就加入調味料 B 料進行燒煮，原則上這道菜是開蓋燒煮，因為希望到最後的醬汁是可以收汁，所以煮滾後轉成中火燒煮約 20 分鐘，收汁到比較清爽的狀態即可。

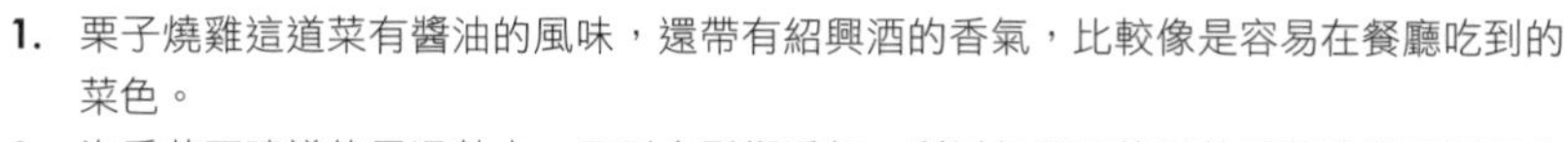

Viola's TIPS

1. 栗子燒雞這道菜有醬油的風味，還帶有紹興酒的香氣，比較像是容易在餐廳吃到的菜色。
2. 泡香菇不建議使用溫熱水，否則會影響香氣。所以如果要使用乾香菇建議可以預先泡發。
3. 栗子在傳統市場可以買到已經去殼、去皮的，如果買到的是帶皮的，可以放入滾水中約煮 10 分鐘，取出後比較容易處理。

鹹味 ★★☆☆☆
甜味 ★★☆☆☆
辣味 ★★☆☆☆
香味 ★★★☆☆

09
口水雞

縮時祕密武器
電鍋

食用份量

準備工作 1
處理花生
香菜切末、辣椒切片

烹調料理 1
仿土雞腿蒸熟

烹調料理 2
淋上醬汁撒上花生

食材

仿土雞腿肉 1 隻，花生 20 克，香菜 2 枝，辣椒 1 根

調味料

白醋 1 大匙，花椒粉 1 大匙，醬油 2 大匙，香油 1 大匙，糖 1 大匙，辣油 1 大匙，香油 1 大匙

準備工作

1. 把花生弄碎，如果怕四處飛濺，可以把花生放在塑膠袋裡面，再稍微壓碎。
2. 材料洗淨。香菜去根切末，辣椒去蒂、切片。

烹調料理

1. 仿土雞腿放到電鍋裡面，外鍋加上 1 杯水進行蒸煮。當第一次開關跳起時，可以拿筷子測試一下是不是可以順利穿過雞腿肉，如果很順利的穿透，表示雞腿肉已經熟了，但如果穿透不易，可以在外鍋再加入 1/2 杯水，進行第二次蒸煮熟透後，取出備用。
2. 調製醬料時，把所有調味料倒入碗中，攪拌均勻後，加入香菜末、辣椒末拌勻，淋在蒸煮好的雞腿上，最後撒上花生碎，這道料理就完成了。

Viola's TIPS

1. 這道菜算是涼的前菜，所以其實是可以事先預備起來隔天再食用。如果要請客宴會，也是一道可以先準備的菜色。
2. 這裡所使用的材料是仿土雞腿肉，因為仿土雞腿肉的皮跟肉質都會比較 Q 彈，會更適合這一道料理。但仿土雞腿肉通常也更厚實，所以進行蒸煮時會以筷子是否能順利穿透雞腿為準。
3. 這道料理適合冷冷吃也適合熱食，如果雞腿肉在蒸熟後想要馬上吃，但又想吃到 Q 彈的口感，就可以把雞腿泡到冰水裡面，瞬間的收縮會讓外皮吃起來更脆口一點。

鹹味
甜味
辣味
香味

10

蔥油雞

縮時祕密武器
電鍋 

食用份量   

紅蔥頭切片
蔥切絲

烹調料理 1
蒸煮土雞腿

烹調料理 2-3
煸出香氣的紅蔥頭
淋在土雞腿上

食材

仿土雞腿肉 1 隻，蔥 2 枝，紅蔥頭 10 小瓣

調味料

醬油 2 大匙，香油 2 大匙

準備工作

1. 把紅蔥頭洗淨，去除頭尾及外皮，切片。
2. 蔥洗淨後，切絲，泡入水中，可以自然出現捲曲狀。

烹調料理

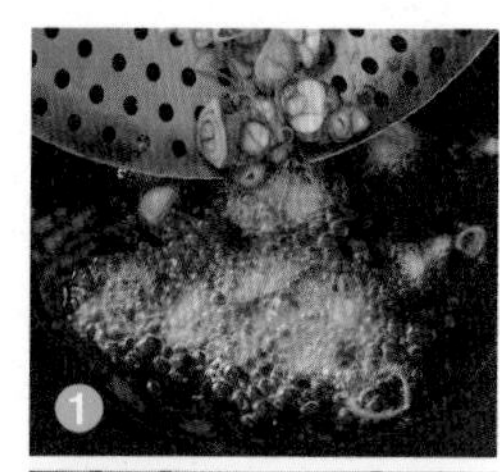

1. 仿土雞腿放到電鍋裡面，外鍋加上 1 杯水進行蒸煮。當第一次開關跳起時，可以拿筷子測試一下是否可以順利穿過雞腿肉，如果很順利的穿透，表示雞腿肉已經熟了，但如果穿透不易，可以在外鍋再加入 1/2 杯水，進行第二次蒸煮熟透後，取出備用。
2. 鍋子放入 1 杯的香油，冷鍋冷油時放入紅蔥頭片（圖 1），以小火慢炸，煸出香氣，也讓紅蔥頭有微黃上色的狀態，如此蔥油的部分就算完成（圖 2）。
3. 蒸熟的仿土雞腿肉放上瀝乾水分的蔥絲，再倒入蔥油，這道料理就完成了。

Viola's TIPS

這道菜也是要吃有口感的雞腿肉，所以建議使用仿土雞腿肉，因為土雞腿肉的皮跟肉質都會比較 Q 彈，要避免使用肉雞，以免口感過軟。

鹹味 ★★☆☆☆

甜味 ★★☆☆☆

辣味 ☆☆☆☆☆

香味 ★★★☆☆

11
馬鈴薯燉雞

縮時祕密武器
深鍋

食用份量

準備工作 1-2
雞腿肉切塊
處理其他配料

烹調料理 1-2
雞腿肉煎熟
紅蘿蔔馬鈴薯略煎

烹調料理 2
所有的材料加調味料
燒至入味

食材
去骨雞腿肉 2 片，馬鈴薯 2 顆，紅蘿蔔 1 根

調味料
日式醬油 160 ml，糖 20 公克，清水 200 ml

準備工作
1. 去骨雞腿肉洗淨後，切成塊狀。因為在烹煮的過程中，雞肉會縮水，所以切的時候記得不要切得太小，一片大約切成 6～8 塊。
2. 馬鈴薯、紅蘿蔔分別去皮後，再切成滾刀塊。

烹調料理
1. 使用有點深度的鍋具，倒入 1 大匙油，將醃好的雞塊皮面朝下排入，以中小火稍微煎到表面熟成。
2. 繼續放入紅蘿蔔及馬鈴薯塊，也略微煎一下，這樣可以讓燒煮後的外型上比較定型，比較不容易碎裂糊化。
3. 倒入日式醬油、糖還有清水後，以中火進行燉煮，蓋上鍋蓋，燉煮時間約15分鐘左右，這道菜是帶有湯汁的，開蓋後觀察一下食材是否燉煮得夠透徹，可以拿筷子戳一下馬鈴薯，如果很容易穿透，表示已經烹煮完成。

Viola's TIPS
1. 這道料理就是以日式馬鈴薯燉肉的概念來呈現，裡面刻意把豬肉換成雞肉，這樣的料理方式，可以更快速的呈現這道菜色，而且煮完之後的口感更為軟嫩，對家有小朋友的人來說會更適合。
2. 切馬鈴薯、紅蘿蔔時大小儘量一致，這樣燒煮的時間會更一致。
3. 這裡所使用的是日式醬油，如果使用了台式醬油，要自己斟酌一下份量，以免口感過鹹。

鹹味 ☆☆☆☆★
甜味 ☆☆★★★
辣味 ☆★★★★
香味 ★★★★★

12
迷迭香烤雞腿排

縮時祕密武器
烤箱

食用份量

準備工作 1
醃製雞腿肉

烹調料理 1
雞腿肉煎上色

烹調料理 2
烘烤雞腿

食材
去骨雞腿肉 2 片，新鮮迷迭香 2 枝

調味料
橄欖油 1 大匙，鹽 1/2 小匙，黑胡椒 1/2 小匙

準備工作
1. 新鮮迷迭香洗淨後去除莖，只留下葉片的部分，放入深碗中，將去骨雞腿肉洗淨後放入，再加入所有調味料，進行抓醃，混合拌勻，醃漬 20 分鐘以上。

烹調料理
1. 平底鍋裡倒入 1 大匙油，將醃好的雞塊皮面朝下排入，以中小火稍微煎到表面熟成。
2. 烤箱預熱達 200℃，或者以 200℃預熱約 10 分鐘，將烤盤鋪上烤盤紙，放上醃好的雞腿肉，以 200℃約烤 25 分鐘，但因家庭烤箱會有溫度差，所以大約在烘烤 10 分鐘後，可以將烤盤方向前後對調，烘烤雞腿時，會有一些湯汁溢出，此時也可以將這些湯汁刷在雞腿肉上，這樣烤完的雞腿會更香更好吃。

Viola's TIPS
1. 這道料理比較偏西餐式，讓家人有種餐廳級的享受。
2. 每家的烤箱都不同，所以烹調前烤箱要先進行預熱，這樣更容易控管好烤箱的溫度，讓熟成的時間比較有依循。
3. 雖然是設定 200℃，但如果在烘烤的過程中，上色時間超乎你的預期，其實就可以調降溫度，不需要一個溫度烤到底，或者在雞腿肉上蓋一張鋁箔紙，就可以減緩上色的速度，也能把肉完全烤熟。

鹹味
甜味
辣味
香味

13
韓式辣雞腿

縮時祕密武器
深鍋

食用份量

準備工作 1-2
雞腿肉切塊
處理其他配料

烹調料理 1-2
雞腿肉煎熟

烹調料理 2
所有的材料加調味料
燒至入味

食 材

去骨雞腿肉 2 片，紅蘿蔔 50 公克，洋蔥 70 公克，高麗菜 100 公克，蔥 2 枝

調 味 料

韓式辣醬 2 大匙，糖 1 大匙，麻油 1 大匙，水 250 ml

準備工作

1. 所有材料洗淨。雞腿肉切成塊狀。因為在烹煮的過程中，雞肉會縮水，所以切的時候記得不要切得太小，一片大約切成 6～8 塊。
2. 紅蘿蔔、洋蔥皆去皮，與高麗菜皆切絲，蔥切末。

烹調料理

1. 使用有點深度的鍋具，倒入 1 大匙油，將雞腿塊皮面朝下排入，以中小火稍微煎到表面熟成。
2. 放入紅蘿蔔、洋蔥一起拌炒，拌炒均勻後，放入韓式辣醬、糖一起拌炒，再倒入水以中小火進行燒煮，燒煮約 10 分鐘，讓湯汁大約剩下 3 大匙的水量，加入高麗菜一起拌炒至變軟，即可撒上蔥花及麻油，炒熟即可撈出盛盤。

Viola's TIPS

1. 韓式辣醬一般來說在大賣場就可以買到。
2. 這道料理綜合了蔬菜及主食，對於想一次搞定一餐的人來說，是非常不錯的選擇。

鹹味 ★★☆☆☆

甜味 ★★☆☆☆

辣味 ☆☆☆☆☆

香味 ★★★☆☆

14
照燒雞腿排

縮時祕密武器
平底鍋

食用份量

準備工作 1-2
雞腿肉肉面劃刀
調製照燒醬

烹調料理 1
雞腿肉兩面煎金黃上色

烹調料理 2
加調味料燒至入味

食材
去骨雞腿肉 2 片、白芝麻 1 大匙

調味料
醬油 3 大匙，味醂 2 大匙，糖 1 大匙，清水 4 大匙

準備工作
1. 雞腿肉洗淨後在肉面劃幾刀，因為在烹煮的過程中，雞肉會縮水，所以劃幾刀做斷筋的動作，可以避免縮水。
2. 將醬油、味醂、糖及清水一起攪拌均勻，做成照燒醬備用。

烹調料理
1. 平底鍋裡倒入 1 大匙油，將雞塊皮面朝下放入，用小火慢煎，把油脂煎出來後，直到皮面金黃上色，翻面，煎煮肉面部分，因為肉有點厚，所以建議火候還是不要太大，用小火煎到兩面呈現金黃上色。
2. 加入已經混合拌勻的調味料進行燒煮，將火力調整成中火，可以加速收汁的時間，燒煮到醬汁收稠的狀態，沒有帶湯汁，醬料也完全裹覆在雞腿排上面，最後撒上白芝麻即可盛盤。

15 香煎雞腿排

準備工作 1-2
雞腿肉肉面劃刀

烹調料理 1
雞腿肉兩面煎金黃
上色至熟

烹調料理 2
雞腿排排入盤中
撒上黑胡椒、鹽

縮時祕密武器
平底鍋

食用份量

食 材
去骨雞腿肉 2 片

調 味 料
黑胡椒、鹽各少許

準備工作

1. 雞腿肉洗淨後在肉面劃幾刀，因為在烹煮的過程中，雞肉會縮水，所以劃幾刀做斷筋的動作可以避免。

烹調料理

1. 平底鍋裡倒入 1 大匙油，再進行煎煮，可以讓口感上更為酥脆，將雞塊皮面朝下放入，用小火慢煎，把油脂煎出來後，直到皮面金黃上色，翻面，煎煮肉面部分，因為肉有點厚，所以建議火候還是不要太大，用小火煎到兩面金黃上色熟透。
2. 準備一個盤子，將煎好的雞腿排放入，再撒上適量的黑胡椒跟鹽，這道料理即完成，可搭配荷蘭豆一起食用。

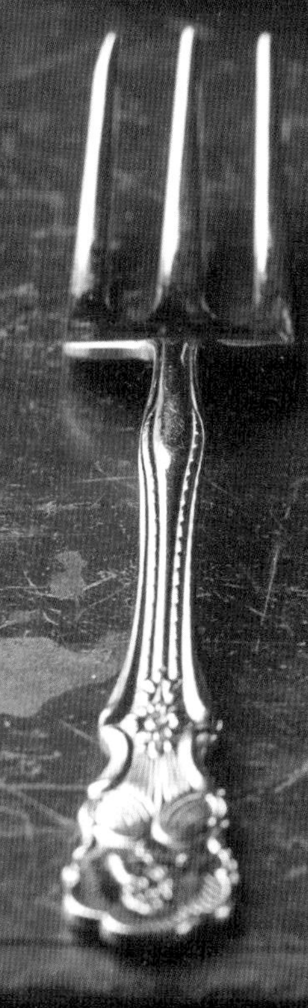

Viola's TIPS

1. 這道是很簡單又入門的菜色，只要煎好後撒上胡椒粉及鹽就完成，也因為製作過程沒有經過醃製，所以選擇的雞腿排必須是很新鮮的，才不會有過重的肉味。
2. 黑胡椒、鹽的少許，是指用大拇指跟食指可以抓捏起來的微量。
3. 沒有經過醃製的雞腿排，皮的部分可以煎得更酥脆，更有口感。

鹹味 ★★★★★
甜味 ★★★★★
辣味 ☆★★★★
香味 ★★★★★

Viola's TIPS

1. 如果要列舉餐廳菜的經典菜色，這道菜一定榜上有名，但只要做對步驟，其實在家很容易就能完美呈現。
2. 這道菜色的韭菜花好吃在於有脆口的感覺，所以要在最後加入，不宜拌炒過久，這樣才能保有口感。
3. 可以在一般的傳統市場購買到一整顆完整的豆豉，比較不建議使用豆豉醬。

01
蒼蠅頭

縮時祕密武器
炒鍋

食用份量

準備工作 1-2
韭菜花切小丁、處理辛香料、清洗豆豉

烹調料理 1-2
炒香豬絞肉與辛香料

烹調料理 3
加入韭菜花丁大火拌炒

食材
韭菜花 200 公克，紅辣椒 2 根，蒜頭 4 小瓣，豆豉 3 大匙，豬絞肉 200 公克

調味料
糖 1/4 小匙，米酒 2 大匙

準備工作
1. 食材洗淨。韭菜花切小丁，紅辣椒去蒂、切片；蒜頭去除頭尾、去皮，切末。
2. 豆豉泡入清水中，去除些許的鹹味及表面雜質，即可撈出後瀝乾水分。

烹調料理
1. 炒鍋裡倒入 1 大匙油，放入豬絞肉並平鋪在鍋內，以中火煎煮到有香味逸出，再進行翻炒（圖 1），不需要一開始就一直翻動。
2. 藉由鍋裡豬絞肉所釋出的油脂，放入豆豉、辣椒片、蒜末一起拌炒均勻，藉由油脂來提升整體香氣。
3. 淋入米酒，（圖 2）即可加入韭菜花丁並轉大火，拌炒直到軟化（圖3），最後加入糖快炒一下即可上桌。

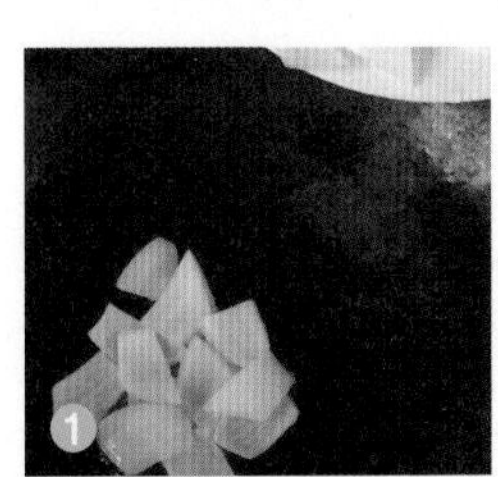
1

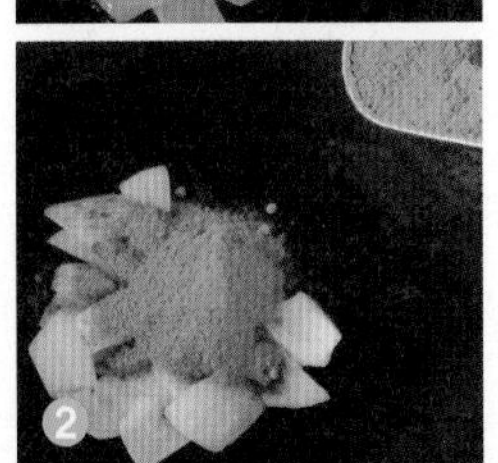
2

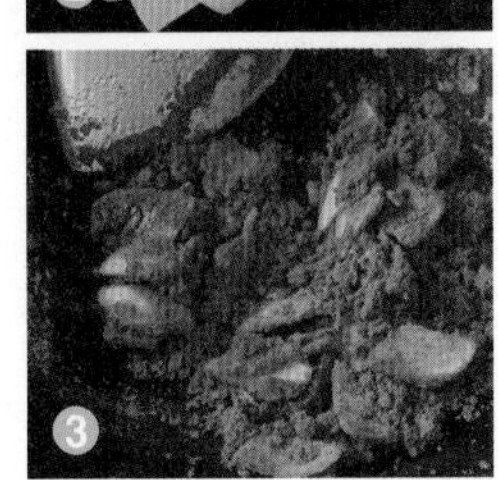
3

02 麻婆豆腐

準備工作 1
豆腐切小塊
紅辣椒切末

烹調料理 1
炒香花椒

烹調料理 2-3
放入豬肉炒香，
加入豆腐炒勻

縮時祕密武器
平底鍋

食用份量

食材

雞蛋豆腐 1 盒，豬絞肉 200 公克，花椒 1 大匙，辣椒 2 根

調味料

醬油膏 1 大匙，辣豆瓣醬 1 大匙，米酒 1 大匙，糖 1 小匙

準備工作

1. 雞蛋豆腐切小塊。紅辣椒去蒂、切末。

烹調料理

1. 鍋中倒入 2 大匙的油，並一起放入花椒、辣椒後開小火拌炒到香氣逸出，如果不想在吃的過程中咬到花椒粒的人，可以在此時將花椒取出。
2. 放入豬絞肉並平鋪在鍋內，以中火煎煮到有香味逸出，再進行翻炒，不需要一開始就一直翻動。
3. 將豬絞肉炒熟成，加入所有調味料進行拌炒到完全均勻，加入雞蛋豆腐後改大火甩鍋拌炒均勻後即可盛盤端出。

鹹味 ★★★★★
甜味 ★★★★★
辣味 ★★★★★
香味 ★★★★★

Viola's TIPS

1. 這道菜的味型呈現帶有麻味跟辣味，辣的呈現來自於辣椒跟辣豆瓣，麻的部分是來自於花椒。我比較習慣在中藥行購買花椒，因為製作時的香氣跟麻味口感都會比較明顯。
2. 放入雞蛋豆腐後，建議是以甩鍋的方式，除了可以讓所有食材混合拌勻外，還能讓豆腐保有完整形狀不碎裂。

鹹味
甜味
辣味
香味

03
打拋豬肉

縮時祕密武器
平底鍋

食用份量

準備工作 1-2
小番茄切半、辣椒、蒜頭切片

烹調料理 1
炒香打拋醬

烹調料理 2-3
加入豬絞肉及所有食材拌炒

食材
豬絞肉 300，小番茄 12 顆，打拋葉、九層塔各 1 把，辣椒 1 根，蒜頭 3 小瓣，醬油膏 2 大匙，魚露 1 大匙，檸檬汁 3 大匙，糖 1 小匙

調味料
打拋醬材料：醬油膏 2 大匙，魚露 1 大匙，檸檬汁 3 大匙，糖 1 小匙

準備工作
1. 小番茄洗淨、去蒂、切半。
2. 九層塔、打拋葉洗淨；辣椒洗淨、去蒂、切片；蒜頭去除頭尾、去皮、切片。

烹調料理
1. 平底鍋裡放入 1 大匙油，小火加熱，鍋微溫即可放入豬絞肉，把豬絞肉先煎到聞到香氣，才撥散。
2. 加入辣椒、蒜末拌炒出香氣後，再加入調味料跟小番茄拌炒。
3. 最後加入打拋葉、九層塔拌炒一下就可以起鍋。

Viola's TIPS
1. 這裡示範的是自己做打拋醬。但如果想要快速調醬的話，可以買市售泰式打拋醬，使用時用 2 大匙打拋醬加 2 大匙米酒拌勻即可。
2. 放入九層塔拌炒炒到熟成即可取出，以免盛盤後變黑。
3. 這道菜屬於快炒料理，所以可以全程以中火拌炒。

鹹味
甜味
辣味
香味

04

味噌豬里肌

縮時祕密武器
平底鍋 

食用份量  

準備工作 1
醃製豬里肌肉

烹調料理 1
小火慢煎豬里肌肉

烹調料理 2
煎到金黃上色即可

食材

豬里肌肉 5 片，薑末 10 克

調味料

味噌 2 大匙，蜂蜜 1 大匙，無糖優格 2 大匙

準備工作

1. 將豬里肌肉、味噌、無糖優格一起混合拌勻醃漬 25 分鐘。

烹調料理

1. 平底鍋裡倒入 1 大匙油，開小火後放入里肌肉片。
2. 慢煎到兩面金黃到熟成即可盛盤上桌。因為醃料裡面有味噌跟蜂蜜，很容易產生焦化現象，所以這道料理原則上都要以小火進行，以免一下子就上色甚至燒焦但肉卻沒有熟。

Viola's TIPS

1. 這道菜非常適合做成便當菜。
2. 里肌肉本身的油脂不多，所以料理時間不要過久，以免出現柴口的情況。而刻意選擇優格來醃漬里肌肉，也是要避免料理後的肉質變柴。
3. 為了讓醃漬更為入味，這裡建議的時間至少要 25 分鐘以上，所以我通常會在前一天晚上事先醃漬好，就可以省下很多時間。

05 紅糟豬排

鹹味 ☆☆☆☆★

甜味 ★★★★★

辣味 ☆★★★★

香味 ★★★★★

2分 準備工作 1 醃製梅花肉片 → 3分 烹調料理 1 小火慢煎梅花肉片 → 8分 烹調料理 2 煎到兩面金黃上色即可

縮時祕密武器
平底鍋

食用份量

食材
梅花肉 4 片

調味料
客家紅糟醬 2 大匙，糖 1 大匙，醬油 1 大匙，全蛋液 1/2 個，地瓜粉 2 大匙

準備工作
1. 將梅花肉片放入碗中，倒入醃製調味料裡的所有材料，一起抓拌均勻醃漬至少 1 個小時以上，所以製作這道菜我通常會在上班之前，花 2 分鐘抓拌一下，再放入冰箱冷藏入味。

烹調料理
1. 平底鍋裡倒入 2 大匙的油，開小火到表面有點微溫時，即可依序放入梅花肉片，因醃製調味料裡有紅糟醬跟醬油，所以要以小火慢煎到兩面均勻上色。
2. 鍋裡的油溫一開始是要有些熱度的，這樣放入肉片煎煮時可以幫助肉片定型，煎出來的外型會比較好看。因為這裡選用的是梅花肉片，所以兩面煎到上色，其實肉就熟了，可盛盤上桌。

Viola's TIPS
1. 這道料理會希望使用的是客家紅糟醬進行醃漬，時間上會希望可以久一點，所以如果能使用預調理，在前一天晚上進行醃漬，不僅可以入味，且可以省下等待的時間，直接進行烹調。

06 橙汁豬柳條

縮時祕密武器
炒鍋

食用份量

準備工作 1-2
醃製豬里肌、
洋蔥切絲

烹調料理 1
中火慢煎里肌肉

烹調料理 2
加入洋蔥拌炒
調味收稠

食材

豬里肌 300 公克，白芝麻 1 大匙，洋蔥 1/2 顆

調味料

香橙汁 80 ml，醬油膏 1 大匙，味醂 1 大匙

準備工作

1. 豬里肌逆紋切成條狀，放入碗中，倒入醃製調味料裡的米酒（圖 1），醬油、玉米粉（圖 2）、一起拌勻醃漬約 15～20 分鐘讓它入味（圖 3）。
2. 洋蔥洗淨、去皮，切成絲。

烹調料理

1. 鍋裡倒入 2 大匙的油（圖 4），開中火，等到油熱之後，再將豬里肌肉條煎到表面變色。
2. 等到豬肉條兩面呈現熟成的顏色，加入洋蔥進行拌炒到香味逸出，且已經軟化，即可加入調味料，並轉大火一起拌炒，直到醬汁煮滾且收微稠狀，起鍋前均勻撒上白芝麻即完成美味又下飯的豬肉料理。

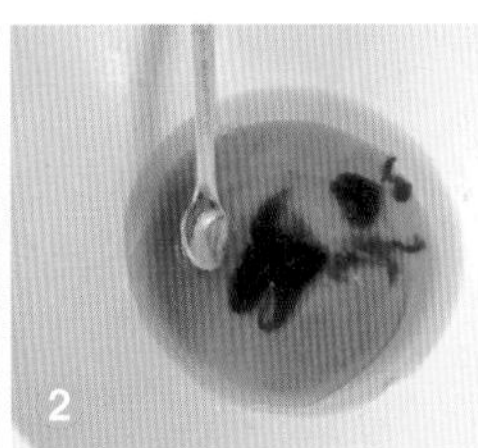

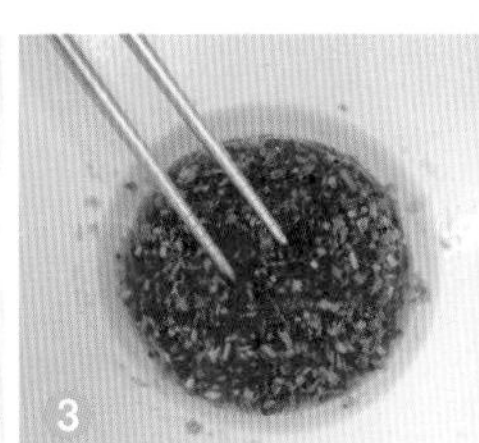

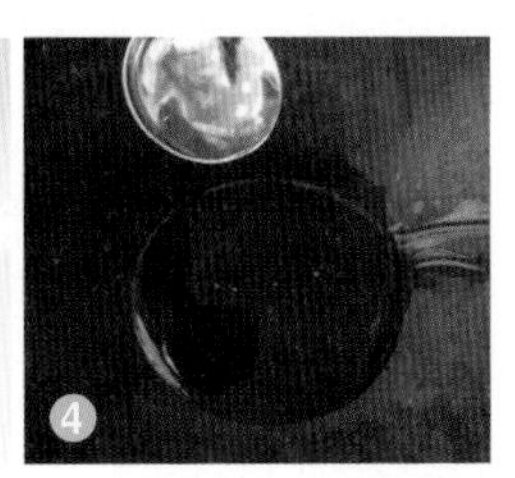

Viola's TIPS

1. 切豬里肌肉時，逆紋切絲，這樣炒製完的肉絲會比較嫩口一些。
2. 香橙汁可以選用新鮮的香吉士、柳橙或是南非甜橙，再把汁榨出來。
3. 放入豬里肌要避免全部一次倒入，以免煎後互相沾黏會變成整片狀。

鹹味☆☆★★★
甜味★★★★★
辣味☆★★★★
香味★★★★★

07
京醬肉絲

縮時祕密武器
平底鍋

食用份量

準備工作 1-2
小黃瓜、洋蔥切絲；
醃製梅花肉絲

烹調料理 1
中火慢煎梅花肉絲

烹調料理 2-3
加入調味收稠
盛盤裝飾

食材

梅花肉 300 公克，小黃瓜 1 根，蒜苗 1 枝

醃製調味料

醬油 1 大匙，米酒 1 大匙，全蛋液 1/2 個，玉米粉 20 公克

調味料

甜麵醬 1 大匙，糖 1 大匙，醬油膏 1 大匙，水 3 大匙

準備工作

1. 小黃瓜洗淨，去頭尾、蒜苗洗淨後均切成絲。
2. 梅花肉逆紋切絲，放入碗中，倒入醃製調味料裡的所有材料，一起抓拌均勻，醃製約 15～20 分鐘讓它入味，所以我通常用利用上班前 2～3 分鐘把醃料調入肉裡，這樣下班後就可以直接料理。
3. 洋蔥洗淨、去皮，切成絲。

烹調料理

1. 平底鍋裡倒入 2 大匙的油，開中火，等到油熱之後，把醃製好的肉絲一條一條放入，煎到兩面都呈現熟成的狀態。
2. 等到豬肉條兩面呈現熟成的顏色，加入調味料後，一起拌炒均勻，即可將火調整成大火，因為這道料理是比較乾爽不帶湯汁的，所以要讓鍋裡的醬汁收稠，就可以準備起鍋。
3. 取一個乾淨的盤子先鋪上小黃瓜絲，再倒入炒好的京醬肉絲，最後撒上蒜苗絲即完成。

Viola's TIPS

1. 帶有鹹香風味的京醬肉絲，調味上也偏重口味一些，很適合用來做為刈包，或是做成吃烤鴨時會吃到的荷葉餅內餡，都非常對味。
2. 如果希望醃漬得更入味，可以在前一晚預先處理好，就能有效加速烹調時間。

08 黑胡椒照燒里肌肉

縮時祕密武器

平底鍋

食用份量

5分		5分		5分
準備工作 1 醃製豬里肌肉	→	準備工作 2 處理美生菜、牛番茄	→	烹調料理 1-2 肉條燒煮到濃稠收汁盛盤

食 材

豬里肌肉 5 片，美生菜 1/4 個，牛番茄 1 顆

醃製調味料

黑胡椒粉 1 小匙，醬油 1 大匙，糖 1 大匙，米酒 1 大匙，薑末 1/2 大匙

調 味 料

醬油 1.5 大匙，米酒 2 大匙，味醂 1 大匙

準備工作

1. 豬里肌肉逆紋切成條狀，放入碗中，倒入醃製調味料裡的所有材料，一起抓拌均勻醃漬約 20 分鐘讓它入味。如果希望更入味，可以在上班前抽出一點時間或前一晚預先處理好，就能有效加速烹調時間。
2. 美生菜洗淨，切絲，或用手撥成片狀，擺入盤中；牛番茄洗淨，去蒂切成塊狀放入盤中，這兩個主要是當成配菜。

烹調料理

1. 平底鍋裡倒入 2 大匙的油，開中火，等到油熱之後，把醃製好的肉條一一放入，用小火慢煎，直到兩面呈現微微的金黃上色。
2. 接著把醬汁倒到鍋子裡，讓肉兩面都要燒煮上色，這道菜是不帶湯汁，所以當醬汁變濃稠就可以盛盤端出。

Viola's TIPS

1. 帶點甜味、微鹹以及黑胡椒的辣味，所以當成便當菜的主菜也非常適合。
2. 購買豬里肌片時，請肉商切成厚度約 0.5～1 公分的厚度，不要太薄，因為這道料理沒有裹粉油炸，單純是用煎的方式進行，如果太薄，熟成得過快，口感會太柴。

09 瓜仔肉

縮時祕密武器

電鍋

食用份量

準備工作 1-2

醬瓜切小丁，絞肉與調味料混合拌勻

烹調料理 1

鹹蛋黃對切一半放容器底部填入豬絞肉

烹調料理 2

放入電鍋，外鍋加1 杯水，按下開關

食材

豬絞肉 300 公克，罐頭醬瓜 100 克，蒜頭 3 小瓣，蔥 2 枝，鹹蛋黃 2 個

調味料

米酒 2 大匙，醬油 2 大匙，胡椒粉 1/4 小匙，糖 1/4 小匙，香油 1 大匙

準備工作

1. 醬瓜從罐頭取出，先切成小丁狀；蒜頭去頭尾及外膜、切末；蔥洗淨、切末；鹹蛋只取鹹蛋黃的部分，切對切一半，豬絞肉略微摔打至有黏性（圖 1）。
2. 將豬絞肉放到大一點的容器裡面，加入蒜末（圖 2）、醬瓜（圖 3）、蔥末、所有的調味料（圖 4），混合均勻拌勻（圖 5）。

烹調料理

1. 鹹蛋黃放到容器裡面，切口面朝容器的底部，接著把瓜仔肉填入容器裡面（圖 6），如果想做的份量是比較少的，可以把它做成一杯一杯，這樣子也會比較好食用。步驟一樣是先放入鹹蛋黃再放入瓜仔肉，依序的填入容器裡面。
2. 把填裝好的瓜仔肉放到電鍋裡面，電鍋外鍋加入一杯水，蓋上鍋蓋，等到開關跳起就可以把蒸好的瓜仔肉取出，放上香菜（份量外）裝飾即可。

Viola's TIPS

1. 這道菜屬於鹹香下飯的便當菜，就算經過蒸煮，或是是隔餐食用，其實風味也不會改變太多。
2. 醬瓜如果是傳統市場買的，鹹度就會比較高一點，所以可以先試一下風味，如果覺得鹹度真的太高，可以斟酌減量一些。
3. 如果要更美觀，可以把蒸好的瓜仔肉倒扣出來，因為剛剛已經有刻意的把鹹蛋黃剖面朝下，所以倒出來之後呈現的樣子會非常好看。

辣味
甜味
鹹味
香味
1
2
3
4
5
6

辣味 ★★☆☆☆
甜味 ☆☆☆☆☆
鹹味 ★★☆☆☆
香味 ★★☆☆☆

10

青椒炒肉絲

縮時祕密武器
平底鍋

食用份量

5分
準備工作 1-2
青椒、辣椒切絲
醃製豬里肌肉

5分
烹調料理 1
煎煮肉絲
至兩面熟成

5分
烹調料理 2
放入青椒拌炒

食材

梅花肉絲 150 克，青椒 2 個，蒜頭 4 小瓣，辣椒 1 根

醃製調味料

鹽 1/4 小匙，胡椒粉 1/4 小匙，全蛋液 1/2 顆，玉米粉 1 大匙

調味料

鹽 1/4 小匙，胡椒粉 1/4 小匙，糖 1/4 小匙

準備工作

1. 青椒、辣椒洗淨、去蒂以後切絲；梅花肉絲放入容器裡，加入醃製調味料一起抓拌均勻，醃漬約 15～20 分鐘入味。

烹調料理

1. 平底鍋裡倒入 2 大匙的油，開中火，等到油熱之後，把醃製好的肉絲一一放入，用中火煎煮，直到兩面熟成。
2. 火力調整為大火，並加入青椒絲還有辣椒絲炒到所有食材熟成，就可以把調味料加入，拌炒均勻後就可以撈出盛盤。

Viola's TIPS

1. 梅花肉要進行醃製，這樣炒出來的肉才會更嫩口，我通常會在上班前花 2～3 分鐘把醃料拌入肉裡並放入冰箱冷藏，這樣可以節省不少下班後的時間。
2. 這是一道很家常的料理，重點是青椒不要炒得太久，這樣子才會有脆口的感覺，風味上也會比較好。

辣味 ★☆☆☆☆

甜味 ★☆☆☆☆

鹹味 ★★★☆☆

香味 ★★☆☆☆

11
回鍋醬燒子排

縮時祕密武器
平底鍋

食用份量

準備工作 1
辣椒、蒜苗切片

烹調料理 1
煎煮豬小排至兩面金黃上色

烹調料理 2
加入調味料燒至濃稠收汁
撒上蒜苗、辣椒片盛出

食材

豬小排 300 公克，辣椒 1 根，蒜苗 1 枝

調味料

辣豆瓣醬 1 大匙，甜麵醬 1 大匙，糖 1 小匙

準備工作

1. 辣椒洗淨，去頭尾、切片；蒜苗洗淨後切成片。

烹調料理

1. 平底鍋裡倒入 1 小匙的油，開中火，等到油熱之後，將豬小排排入，煎到兩面都呈現金黃上色的狀態。
2. 等到豬小排兩面呈現金黃色，加入辣豆瓣醬、甜麵醬、糖一起拌炒均勻，這時候的醬料會比較濃稠，需額外加入 3 大匙的水來進行燒煮，並將火力調整成大火，因為這道料理是比較乾爽不帶湯汁的，所以要讓鍋裡的醬汁收稠，就可以撒上蒜苗片、辣椒片後起鍋，盛盤。

Viola's TIPS

1. 因為豬小排通常都會帶有一點點的油脂，所以如果購買的是比較有脂肪的，油量就可以少放一點。反之，如果小排真的只有瘦肉質的話，在煎豬小排時可以把油量加到 1 大匙，煎製出來的口感會更好。
2. 這道菜色是要呈現一個乾爽的狀態，要完全煮到濃稠必須轉大火，燒煮到豬小排完全的沾裹著醬汁，就可以準備上桌。
3. 這道料理的口味有點重，但整體風味上非常好，更是很棒的下飯菜，做為便當菜也很讚。

12 糖醋排骨

縮時祕密武器

平底鍋

食用份量

準備工作 1-2
醃製豬小排
洋蔥、甜椒處理後切片

烹調料理 1
煎煮豬小排至兩面
金黃上色

烹調料理 2
加入調味料甜椒燒
至略微收汁盛出

鹹味 ★★☆☆☆
甜味 ★★☆☆☆
辣味 ☆☆☆☆☆
香味 ★★★☆☆

食材

豬小排 300 克，洋蔥 100 公克，紅彩椒 60 公克，黃彩椒 60 公克

醃製調味料

醬油 1 大匙，糖 1/4 小匙，米酒 1 大匙，玉米粉 2 大匙

調味料

番茄醬 3 大匙，檸檬汁 2 大匙，糖 2 大匙

準備工作

1. 豬小排洗淨，放入碗中，加入醃製調味料，一起抓勻之後，醃製時間大約需要 15～20 分鐘，所以如果時間允許，我通常會在上班之前先把它醃製後放冰箱。
2. 洋蔥洗淨、去頭尾及外皮，紅、黃彩椒洗淨，去蒂及籽，均切成片狀，大小要控制得差不多。

烹調料理

1. 平底鍋裡倒入 4 大匙的油，開中火，讓油加溫到有一點點的熱度，就可以把醃製好的豬小排排放進去用半煎炸的方式煎炸直到表面都微黃上色，就可以把豬小排一一夾出。
2. 鍋裡殘留的油脂先瀝出，把油倒出之後就可以再次放入豬小排、洋蔥還有紅、黃彩椒，一起放入鍋中拌炒。
3. 所有食材拌炒均勻後，加入調味料一起燒煮，火力改成大火。這道菜是會帶有一點點微湯汁，所以不用收到太濃稠，以大火快炒，讓醬料都沾附上食材，這道料理就完成。

Viola's TIPS

1. 這道菜色屬於餐廳菜，是大人跟小孩都非常喜歡的口味，我的製作方式是選擇半煎炸的方式來進行，避免用油炸的方式來呈現。
2. 炸豬小排的油溫熱度就是把手靠近鍋子上方，可以感受到熱的程度即可。

13 蒜泥白肉

縮時祕密武器
深鍋

食用份量

準備工作 1-2
皮上殘留的毛去除
製作淋醬

烹調料理 1
三層肉以滾水慢煮
10分鐘

烹調料理 2-3
煮熟撈出泡入冰水
切成薄片

食材
豬三層肉 1 條，蒜頭 5 小瓣

調味料
鹽 1 小匙，胡椒粉 1/2 小匙

準備工作
1. 選擇一條肥瘦兼具的三層肉，色澤上以粉嫩為佳，用手指按壓時，具有彈性為首選，新鮮度一定要夠，將皮上殘留的毛去除。
2. 蒜頭洗淨後去除頭尾、切末，與鹽、米酒一起混合拌勻，做成淋醬備用。

烹調料理
1. 鍋中倒入清水煮滾，放入三層肉條以小火慢煮，烹煮過程中，水呈現小滾的狀態即可。滾煮約 15 分鐘後，可以用筷子測試一下，如果可以順利穿透表示肉已經熟透。
2. 如果用筷子不易穿透時，表示肉還沒有熟，必須繼續煮約 3~5 分鐘，即可再次做測試。
3. 確認肉已經熟透，即可將肉取出，取出後可以泡入冰塊水，除了可以加速冷卻外，也可以讓肉的口感更軟嫩，不會因為放置室溫繼續熟成而老化，最後將肉片切成約 0.5 公分的薄片，最後淋上醬料即完成。

鹹味 ★★★★★
甜味 ★★★★★
辣味 ☆★★★★
香味 ★★★★★

Viola's TIPS

1. 拿筷子測試三層肉時，記得選擇肉質比較厚的地方來穿透。
2. 比起熱熱的時候切片造成的碎爛，泡完冰塊水後再進行切片，切出來的形狀也會比較工整、美觀。

縮時秘密武器

平底鍋

食用份量

準備工作 1-2
抓醃松阪豬
洋蔥切絲製作淋醬

烹調料理 1
煸香薑片

烹調料理 2
加入油膏、米酒一起拌炒

食材

松阪豬 200 公克，薑片 10 片

調味料

麻油 2 大匙，醬油膏 1 大匙，米酒 3 大匙

準備工作

1. 松阪豬洗淨切成薄片，放入碗中，倒入醃製調味料裡的所有材料，一起抓拌均勻醃漬約 20 分鐘讓它入味。
2. 洋蔥洗淨、去皮，切成絲。

烹調料理

1. 平底鍋倒入 2 大匙的麻油，放入薑片（圖 1）用小火煸至香氣逸出。慢慢與薑片一起加熱。
2. 把松阪豬放入，繼續用小火慢煎到有肉的香氣後，再翻面煎另外一面，等到肉的兩面都都已經微焦上色，就可以加入油膏、米酒後煮滾（圖 2）。這一道香氣迷人的麻油松阪豬就可以盛盤。

Viola's TIPS

1. 這道料理很適合冬天的時候食用，松阪豬我比較建議去傳統市場購買，因為肉攤上面的數量算是比較少，一隻豬也只有 2 片，所以要購買松阪豬必須要早一點去市場購買，不然不容易買到。

1

2

鹹味☆★★★★

甜味★★★★★

辣味☆★★★★

香味★★★★★

鹹味 ★★☆☆☆

甜味 ★☆☆☆☆

辣味 ★☆☆☆☆

香味 ★★★☆☆

15
薑汁燒肉

縮時祕密武器
平底鍋

食用份量

準備工作 1-2
抓醃豬里肌
製作調味醬

烹調料理 1
拌炒洋蔥跟豬肉片

烹調料理 2
倒入醬料燒煮
收汁盛出

食材

豬里肌肉 150 公克，洋蔥 1/2 個

調味料

黑胡椒粉 1 小匙，醬油 1 大匙，糖 1 大匙，米酒 1 大匙，1/2 大匙，薑汁 1 大匙

準備工作

1. 洋蔥洗淨，去頭尾、外皮切絲。
2. 豬里肌肉逆紋切成條狀，放入碗中，倒入醃製調味料裡的所有材料（圖 1），一起攪拌均勻（圖 2），醃漬約 20 分鐘讓它入味。

烹調料理

1. 平底鍋裡倒入 1 大匙的油，開中火，等到油熱了，倒入豬肉片跟洋蔥一起放到鍋子裡面拌炒一下。
2. 炒到肉片大約 6 分熟的程度，這道菜色主要呈現的是乾爽不帶湯汁的狀態，所以把醬料倒入進行燒煮後就把火力轉成大火，讓它快速的把醬汁收到濃稠，就可以撈出盛盤。

Viola's TIPS

1. 薑汁燒肉是一道日本的家庭主婦都會煮的一道菜色，準備起來非常快速。但各家所用到的醬油品牌鹹度都不太相同，所以鹹甜味上，可以自己斟酌調整，也會比較符合自家人的口味。
2. 這裡所使用的豬肉片會建議選薄片一點的，就像是火鍋肉片的薄片就可以，因為使用的肉片是薄片，所以可以不用進行醃製，直接進行調理。

Viola's TIPS

1. 為了讓醃製更為入味，這裡建議的時間是 30 分鐘以上，所以我通常會在前一天晚上事先醃漬好，就可以省下很多時間。
2. 黃瓜會建議最後再放入進行拌炒，這樣子的口感會比較脆口，而且也會比較清甜。

鹹味 ★★★★★
甜味 ★★★★★
辣味 ★★★★★
香味 ★★★★★

01
牛肉黃瓜

縮時祕密武器
平底鍋

食用份量

準備工作 1-2
醃製牛里肌
處理配料

烹調料理 1
薑片煸炒到捲曲
加入紅蘿蔔片

烹調料理 2-3
牛肉片煎熟上色
調味後加入黃瓜

食材
牛里肌肉 300 公克，黃瓜 2 根，紅蘿蔔 1/3 根，辣椒 2 根，薑片 8 ～ 10 片

醃料調味料
醬油 1 大匙，糖 1/2 小匙，米酒 1 大匙，玉米粉 1 大匙

調味料
麻油 2 大匙，醬油膏 1 大匙，米酒 1 大匙，糖 1/2 小匙

準備工作
1. 將牛里肌肉放入碗中，與醃料調味料一起混合抓匀醃 20～30 分鐘。
2. 小黃瓜洗淨、切滾刀塊；紅蘿蔔洗淨以後去皮、切小片；辣椒洗淨、去蒂切片。

烹調料理
1. 平底鍋裡倒入 2 大匙麻油，開小火後放入薑片（圖 1），慢慢煸炒到金黃微捲曲的狀態 ，這時候再加入紅蘿蔔片進行拌炒均勻後移到鍋邊。
2. 放入醃好的牛肉片，把牛肉片兩面都煎熟成上色，加入調味料後轉成大火，快速拌炒，趁湯汁還沒有收濃之前，放入黃瓜塊拌炒到醬汁收了，這道料理就完成。

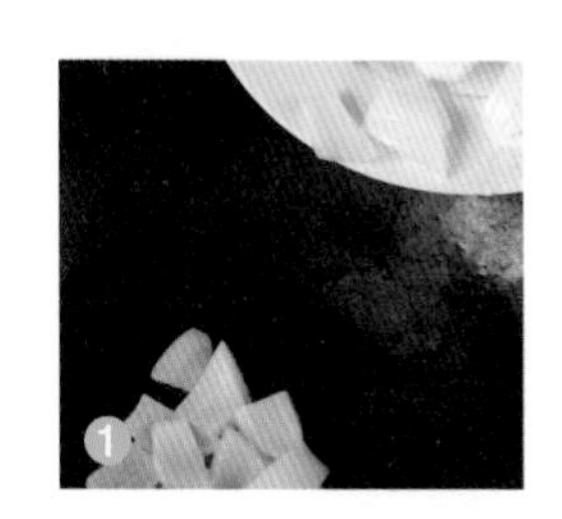

02 彩椒牛肉

縮時祕密武器
平底鍋

食用份量

準備工作 1-2
彩椒切絲，處理辛香料
醃製牛五花肉

烹調料理 1
煎香牛五花肉片

烹調料理 2-3
加入彩椒
調味快炒盛出

食材

牛五花肉 300 公克，紅椒 1/2 個，黃椒 1/2 個，蒜頭 4 小瓣，辣椒 1 根

醃料

醬油 1 大匙，米酒 1 大匙，五香粉 1/2 小匙，全蛋液 1/2 顆，玉米粉 2 大匙

調味料

鹽 1/2 小匙，糖 1/2 小匙，胡椒粉 1/2 小匙，米酒 2 大匙，醬油 1 大匙，香油 1 大匙

準備工作

1. 紅、黃椒全部洗乾淨，去蒂及籽後切成絲；蒜頭去除頭尾及外皮，切末；辣椒洗淨後去蒂及籽，切片。
2. 將牛五花肉放入碗中，與醃料調味料一起混合抓勻後醃漬 20 分鐘讓它入味。

烹調料理

1. 平底鍋裡倒入 2 大匙油，開中火加熱等到油溫溫度足夠，或是出現油紋，就可以把醃製好的牛肉片依序放入，把肉片煎出香氣才翻面，繼續把另一面的肉煎熟。
2. 等到兩面的肉熟成後，才加入蒜片、辣椒片一起拌炒，等到香氣出來以後才加入紅、黃椒以及香油之外的調味料，轉成大火快速拌炒，起鍋前再淋上香油，這道料理就完成。

Viola's TIPS

1. 測試油溫溫度，可以把手接近到平底鍋的上方，如果能感覺到溫熱的感覺，表示溫度已經到達。
2. 紅、黃彩椒主要是讓這道菜的整個色澤看起來更漂亮、美觀，如果希望色彩能夠更繽紛，可以加入青椒，這樣子顏色上會更五彩繽紛。

鹹味 ★☆☆☆☆

甜味 ★☆☆☆☆

辣味 ★☆☆☆☆

香味 ★★★☆☆

03 牛肉炒球芽甘藍

縮時祕密武器
炒鍋

食用份量

6分
烹調料理 1-2
煎香牛里肌肉片加入球芽甘藍調味快炒盛出

食材
牛里肌肉片 300 公克，球芽甘藍 200 公克，薑 3 片，辣椒 1 根，蒜頭 5 小瓣

醃製調味料
醬油 2 小匙，米酒 1 小匙，糖 1/2 小匙，玉米粉 1 大匙

調味料
醬油 1/2 小匙，辣豆瓣醬 1 大匙，糖 1/2 小匙，烏醋 1 大匙

準備工作
1. 球芽甘藍洗淨後，切成一半，準備一鍋滾水，水滾以後鍋裡面放入 1 大匙的油跟 1 大匙的鹽〈份量外〉，放入球芽甘藍汆燙燙煮時間大約 4 分鐘就可以撈出、瀝乾水分。
2. 辣椒洗淨，切除蒂頭，切片；蒜頭洗淨去除頭尾、外皮、切片。
3. 將牛里肌肉片放入碗中，與醃料調味料一起混合抓勻後醃漬 20 分鐘讓它入味。

Viola's TIPS

1. 測試油溫溫度，可以把手接近到平底鍋的上方，如果能感覺到溫熱的感覺，表示溫度已經到達。

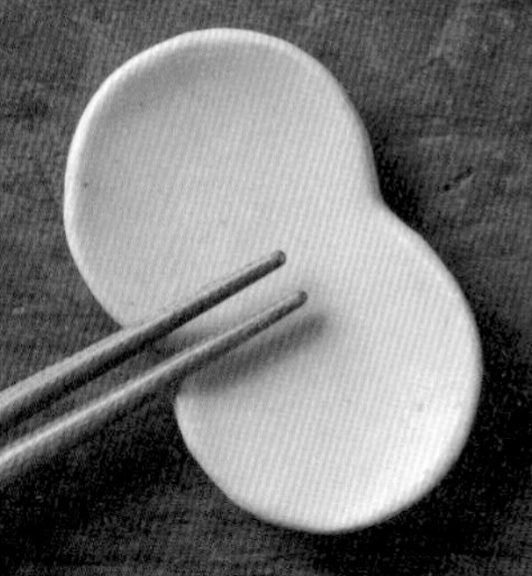

烹調料理

1. 炒鍋裡倒入 2 大匙油，開中火加熱等到油溫溫度足夠，或是出現油紋，就可以把醃製好的牛肉片依序放入，放入後不要急著翻動，要等到肉煎出香氣後才進行翻面，繼續把另一面的肉煎熟。
2. 等到兩面的肉熟成後，就可以把燙煮過的球芽甘藍放入，再放入辣椒片、蒜頭片一起放入進行拌炒，炒到混合均勻後轉大火，同時把調味料一起加入全部一起炒勻，這道料理不會呈現太多湯汁的狀態，所以拌炒完後就可以盛盤端出。

鹹味 ★☆☆☆☆
甜味 ☆☆☆☆☆
辣味 ☆☆☆☆☆
香味 ★★★☆☆

04 麻油牛肉川七

縮時祕密武器
平底鍋

準備工作 1-2
枸杞泡水洗淨
處理川七

烹調料理 1
薑片、牛梅花肉片
煸出香氣

烹調料理 1-2
加入配料調味
快炒盛出

食用份量

食材

牛梅花肉片 200 公克，川七 200 公克，枸杞 1 大匙，薑片 8 片

調味料

麻油 2 大匙，醬油膏 1 大匙，米酒 1 大匙

準備工作

1. 枸杞事先泡水、把表面的雜質全部沖洗乾淨洗淨，撈出、瀝乾水分。
2. 川七洗淨，瀝乾水分。

烹調料理

1. 平底鍋裡倒入 2 大匙麻油，冷油時放入薑片，以小火慢慢煸炒到香味逸出，金黃微捲曲的狀態，放入牛梅花肉片後不要急著翻動，要等到肉煎出香氣後才進行翻面，繼續把另一面的肉煎熟。
2. 等到兩面的肉熟成後，就可以把川七跟枸杞還有米酒一起拌炒均勻，等到川七炒軟，加入醬油膏進行調味，並快炒一下就可以盛盤端出。

Viola's TIPS

1. 製作這道料理薑片要使用的是老薑，帶皮、有纖維的。
2. 這裡使用的是麻油，所以溫度不適合過高，在製作麻油料理的時候，建議不要使用鹽巴做為調味醬，避免產生苦味。

05 韭黃牛肉

縮時祕密武器
平底鍋

食用份量

5分	3分	6分
準備工作 1-2 醃製牛梅花肉片 韭黃切段、辣椒切片	烹調料理 1 醃好的牛梅花肉片 煸出香氣取出	烹調料理 2 加入配料調味牛肉片 快炒盛出

食材
牛梅花肉片 200 公克，韭黃 200 公克，辣椒 1 根

醃製調味料
醬油 1 小匙，米酒 2 小匙，糖 1/2 小匙，玉米粉 1 大匙，沙拉油 1 大匙

調味料
蠔油 1 大匙，米酒 1 大匙，烏醋 1/2 大匙

準備工作
1. 牛梅花肉放入大碗中，加入醃製調味料一起混合抓勻後，靜置 20 分鐘幫助入味。
2. 韭黃洗淨、切成約 3～4 公分的長段；辣椒洗淨，切除蒂頭，切片。

烹調料理
1. 平底鍋裡倒入 1 大匙油，中火加熱，等油熱後，再將醃好的牛肉片一一放入，等到兩面變色，取出備用。
2. 原本的鍋子裡面放入韭黃、辣椒片稍微拌炒一下，等韭黃被稍微炒軟，就可以再把牛肉、調味料一起加入，轉大火快速拌炒，起鍋前沿著鍋邊倒入烏醋後即可盛盤取出。

鹹味 ★★★★★
甜味 ★★★★★
辣味 ☆★★★★
香味 ★★★★★

鹹味 ★☆☆☆☆
甜味 ☆☆☆☆☆
辣味 ★★★★☆
香味 ★★★☆☆

06
麻辣牛肉

縮時祕密武器
平底鍋

食用份量

2分
準備工作 1-2
處理辣椒、蒜頭、蔥

3分
烹調料理 1
麻辣醬、辣椒、花椒
煸出香氣，放入肉片

6分
烹調料理 2
加入調味料、蔥段
快炒盛出

食材

牛梅花肉 300 公克，辣椒 2 根，花椒 1 大匙，蔥 2 枝

調味料

麻辣醬 1 大匙，醬油 1 大匙，糖 2 小匙

準備工作

1. 辣椒洗淨，切除蒂頭，切片；蒜頭洗淨去除頭尾、外皮、切片；蔥洗淨後切成長段。

烹調料理

1. 平底鍋裡倒入 1 大匙油，把市售的麻辣醬、辣椒、花椒一起放入鍋中進行煸炒，等到香氣出來以後，才加入牛梅花肉進行大火快炒讓肉片快速熟成。
2. 拌炒到兩面熟成變色後，就能加入醬油及糖，還有蔥段快速拌炒一下，這道料理就完成，可以盛盤端出。

Viola's TIPS

1. 麻辣牛肉這道料理算是一道很有辣度的料理，所以對於喜歡吃辣的人來說，這道料理非常受到歡迎。
2. 醬料經過油脂煸炒加熱後，香氣就會散發出來，進行這樣的拌炒就可以炒出辣味、香味還有麻味。
3. 如果不想單純只吃到牛肉，表面也可以撒上麻辣花生一起配著食用，風味也會很不錯。

鹹味
甜味
辣味
香味

07
壽喜燒牛肉

縮時祕密武器
深鍋

食用份量

準備工作 1
處理洋蔥、蔥、高麗菜、大白菜

烹調料理 1
炒香洋蔥、蔥段，倒入壽喜燒醬汁、蔬菜

烹調料理 2
加入牛肉片、豆腐、剩餘的醬汁煮滾後熄火

食材

牛梅花肉片 200 公克，洋蔥 1/2 顆，傳統豆腐 2 小塊，蔥 2 枝，高麗菜 100 公克，大白菜 100 公克

調味料

日式醬油 100 ml，味醂 100 ml，米酒 100 ml，市售的昆布高湯 200 ml

準備工作

1. 洋蔥洗淨、切除頭尾，去皮、切絲；蔥洗淨、切段；高麗菜、大白菜分別洗淨切片備用。

烹調料理

1. 準備一個深鍋，在鍋裡倒入 1 大匙的油，用小火把洋蔥、蔥段一起放入，炒出香氣，等到香氣出來，就可以把剛剛調好的壽喜燒醬汁倒入 100 ml 的量，這時加入蔬菜一起燒煮。
2. 蓋上鍋蓋，讓鍋子裡面產生熱循環，蔬菜可以快速煮軟，燜煮約 5 分鐘左右，就可以把蓋子打開。可以觀察一下湯汁，如果是滾沸的狀態，就可以把牛肉片跟豆腐一起放入，倒入剩餘的醬汁進行燒煮，等再次煮滾後就可以直接端上桌。

Viola's TIPS

1. 在燒煮的過程中，蔬菜會出水，所以壽喜燒醬汁第一次倒入時，不需要放入太多。
2. 這裡的壽喜燒醬料，可以事先調製好後放入冰箱，大約可以保存 3～4 天，可以隨時取出使用。

鹹味 ★☆☆☆☆

甜味 ☆☆☆☆☆

辣味 ☆☆☆☆☆

香味 ★★★☆☆

08
奶油香煎骰子牛

縮時祕密武器
平底鍋

食用份量

準備工作 1
醃製牛小排入味後把表面的水分吸乾

烹調料理 1
平底鍋加熱至出現油紋

烹調料理 2
牛肉以融化奶油煎出香味進行時間約2分鐘

食材
切塊牛小排 300 公克，奶油 10 公克，鹽少許，黑胡椒少許

醃製調味料
海鹽、黑胡椒各少許，橄欖油 1 大匙

調味料
鹽 1/2 小匙， 糖 1/2 小匙

準備工作
1. 切塊的牛小排用海鹽還有黑胡椒、橄欖油醃製一下，放置室溫即可。醃製好的牛肉為了避免表面還有殘餘的水分可以用餐巾紙把表面的水分吸乾備用。

烹調料理
1. 平底鍋〈如果有鑄鐵的煎盤就使用鑄鐵的煎盤〉裡倒入 1 小匙的油，開中火加熱鑄鐵煎烤盤，加熱的程度要達到表面會微微的冒出一些煙的狀態，這時就可以把牛肉放進去，把每一面都煎 30 秒，之後再加入奶油，添加香氣直到奶油融化並讓牛肉都沾裹著，這個步驟類似翻炒的動作。
2. 當骰子牛肉表面都沾滿奶油，進行的時間大概是 2 分鐘，就可以盛盤。我的經驗是牛肉要煎得好吃，比較適合使用鑄鐵煎盤來煎製，因為鑄鐵材質可以加熱到比較高的溫度，這樣在煎製過程中可以鎖住肉汁，風味上也會更香。

Viola's TIPS
1. 使用鑄鐵鍋的好處就是煎盤的溫度可以加熱到很高的溫度，這樣子的方式就是肉汁比較不容易流失，烹煮的時間也可以縮短許多，且可以達到汁多肉嫩的效果。
2. 骰子牛肉盡量選擇不要帶筋的，這樣子就可以煎出好吃的骰子牛。

鹹味
甜味
辣味
香味

09
泰式涼拌牛肉

縮時祕密武器
炒鍋

食用份量

準備工作 1-2
處理辛香料配料
洋蔥切絲泡入冰水中

烹調料理 1
牛肉以滾水燙
至表面變色

烹調料理 2
所有食材與調味料
混合均勻即完成

食材

牛里肌肉片 200 公克，洋蔥 1/2 顆，小番茄 5 顆，蒜頭 5 小瓣，香菜 3 枝，花生粒 20 公克，辣椒 1 根

調味料

魚露 1 大匙，檸檬汁 2 大匙，糖 2 大匙

準備工作

1. 小番茄洗淨、切成一半；蒜頭去皮、切片；香菜洗淨、去除根部、切段。
2. 花生粒整顆入菜會比較有口感，如果想要壓碎也可以；洋蔥洗淨、去除頭尾及外皮、切絲，將洋蔥絲泡入冰水中。

烹調料理

1. 鍋中倒入適量的清水煮滾，等水滾後把牛肉片放入，只要燙煮到表面熟成變色，就可以撈出。
2. 準備一個大容器，把牛肉片、洋蔥絲、小番茄還有蒜頭、香菜一起放入，接著放入魚露、檸檬汁、糖一起放入混合拌勻後，就可以準備一個盤子把這些食材全部擺入盤中，最後撒上花生就完成。

Viola's TIPS

1. 經過冰鎮的洋蔥可以去除辣味，也可以增加脆口度。
2. 牛肉片進行汆燙撈出後，也可以把它泡入冰水中，這樣子可以避免牛肉繼續熟成，可以保持牛肉的嫩口度。

鹹味
甜味
辣味
香味

10
滑蛋牛肉

縮時祕密武器
平底鍋

食用份量

準備工作 1
梅花肉加入醃料
抓勻靜置

烹調料理 1
將牛肉片煎到
6分熟取出

烹調料理 2
蛋液煮到6分熟
倒入牛肉

食材
牛梅花肉片 200 公克，雞蛋 2 顆，蔥 1 枝

醃製調味料
醬油 2 小匙， 蛋液 30 公克，米酒 2 小匙，玉米粉 1 大匙

調味料
鹽 1/2 小匙， 糖 1/2 小匙

準備工作
1. 牛梅花肉放入大碗中，加入醃製調味料一起混合抓勻後，靜置 20 分鐘幫助入味。
2. 蔥洗淨、切末。

烹調料理
1. 平底鍋裡倒入 2 大匙油，以中火加熱到油熱，再將醃好的牛肉片一一放入，等到兩面上色，原則上大概是 6 分熟左右，就可以把牛肉先取出來，放入盤中備用。
2. 繼續使用原來的鍋子，不用再另外加油，把蛋液倒入鍋中炒散，大概是到 6 分熟的凝固狀態，就可以再把牛肉片倒回鍋中，繼續拌炒拌勻，就可以把火關掉 ，趁著餘溫再把調味料加入，撒上蔥花快速拌勻就可以起鍋撈出盛盤。

Viola's TIPS
1. 牛肉片兩面煎到變色後要先取出，不要讓肉片在鍋裡面的時間太久，避免口感上過老。
2. 這道菜要呈現滑蛋的口感，所以建議蛋不要炒得過老。
3. 因為比較需要有滑口的感覺，所以牛肉就會先行取出，後續再放入，這樣子也是避免牛肉炒老的一個小撇步。

鹹味 ★★☆☆☆

甜味 ★☆☆☆☆

辣味 ★☆☆☆☆

香味 ★★★☆☆

11
蔥烤金針菇牛肉卷

縮時祕密武器
烤箱

食用份量

準備工作 1-2
金針菇、蔥切長段，牛梅花肉片攤開放上一株金針菇蔥段捲起用竹籤串起

烹調料理 1
烤盤鋪上烘焙紙放上牛肉串烤15分鐘

烹調料理 2-3
烤到8分鐘時刷上烤肉醬繼續烤熟

食材

牛梅花肉片 6 片，金針菇 1 包，蔥 2 枝，白芝麻 1 小匙

調味料

市售烤肉醬 2 大匙

準備工作

1. 金針菇把根部切除，均分成小株；蔥洗淨、切段，原則上切的長短要跟金針菇一樣的長度。
2. 接下來進行包捲的動作，把牛梅花肉片攤開，先放上一株金針菇、適量的蔥段，捲起，捲好後用竹籤串起。

烹調料理

1. 烤箱預熱至 200℃，或者以 200℃預熱 10 分鐘。
2. 烤盤上事先鋪上烘焙紙，再將牛肉串放在烤盤上，這樣就可以有效避免沾黏，把牛肉串放入烤箱以後，就可以把烤箱的溫度調成 180℃，大約烤 15 分鐘。
3. 烤到 8 分鐘的時候，可以開爐刷上烤肉醬，並且把烤盤的方向前後調動，讓受熱均勻一點，繼續烤到熟成，撒上白芝麻，就可以完成上桌。

Viola's TIPS

在食用的時候，表面可以額外撒上一些七味粉，這樣香氣上會更為充足。

鹹味
甜味
辣味
香味

12

香根牛肉

縮時祕密武器
平底鍋

食用份量

3分
準備工作 1
牛里肌肉以調味料醃製入味，處理配料

3分
烹調料理 1
醃好的牛肉片煎到兩面上色

6分
烹調料理 2
放入紅蘿蔔、香菜梗、薑絲、辣椒絲加入調味料後快速拌炒均匀

食材

牛里肌肉片 300 公克，紅蘿蔔 1/3 根，香菜 10 枝，薑片 3 片，辣椒 2 根

醃製調味料

醬油膏 1 大匙，紹興酒 1 大匙

調味料

糖 1 小匙，油 1 大匙，紹興酒 1 大匙，醬油 1 小匙

準備工作

1. 牛里肌肉放入大碗中，加入醃製調味料一起混合抓匀，靜置 20 分鐘以入味。
2. 紅蘿蔔去皮、切絲，香菜洗淨以後去根部以及葉片，切成長段；辣椒洗淨、去蒂及籽，薑片切絲。

烹調料理

1. 平底鍋裡倒入 2 大匙油，以中火加熱到油熱，再將醃好的牛肉片一一放入，等到兩面上色，就可以把牛肉移到鍋邊。
2. 繼續使用原鍋，不用再另外加油，放入紅蘿蔔、香菜梗、薑絲、辣椒絲一起放入鍋中用油拌炒均匀，當放進去的蔬菜稍微炒出香氣時，就可以轉大火，並加入調味料後快速混合拌炒均匀，就可以端出盛盤。

Viola's TIPS

這道菜色除了牛肉片是呈現片狀之外，其它的材料都建議切成絲。一方面是其它材料在最後放入可以快速熟成，讓這樣也可以確保牛肉不會因為長時間的烹煮而讓口感變老。

鹹味
甜味
辣味
香味

13

沙茶牛肉

縮時祕密武器
平底鍋

食用份量

準備工作 1-2
牛里肌肉以調味料醃製入味，處理配料

烹調料理 1
醃好的牛肉片煎到半熟

烹調料理 2
放入空心菜、加入調味料後快速拌炒均勻

食材
牛梅花肉片 200 公克，空心菜 200 公克，蒜頭 5 小瓣，辣椒 1 根

醃製調味料
沙茶醬 2 大匙，醬油 1 小匙，米酒 1 小匙，蛋黃 1 顆

調味料
沙茶醬 2 大匙，蠔油 1 大匙，米酒 1 大匙

準備工作
1. 牛梅花肉放入大碗中，加入醃製調味料混合抓勻後，靜置 20 分鐘幫助入味。
2. 空心菜洗淨、切去根部、切成小段；蒜頭去除頭尾及外皮，切片；辣椒洗淨去蒂、切片。

烹調料理
1. 平底鍋裡倒入 2 大匙油，以中火加熱到油熱，再將醃好的牛肉片一一放入，等到兩面上色，原則上是煎至半熟。
2. 加入空心菜菜梗的部分，倒入鍋中拌炒一下，再加入調味料以及青菜葉、辣椒片下鍋一起炒熟，並轉成大火，可以幫助快速炒熟，就可以起鍋撈出盛盤。

Viola's TIPS

這是快炒的料理，在最後才加入青菜，以大火進行拌炒，就可以快速起鍋，經過大火快炒，在風味上也會大大加分。

14 田園牛肉卷

準備工作 1-2
小黃瓜刨出片狀，牛梅花肉片鋪平放上黃瓜片捲起

烹調料理 1
捲好的牛肉片排入平底鍋中

烹調料理 2
小火慢煎到兩面金黃上色

縮時祕密武器
平底鍋

食用份量

食材

牛梅花肉片 10 片，小黃瓜 2 根

調味料

市售胡麻醬 2 大匙

準備工作

1. 小黃瓜洗淨，去除頭尾，用削皮器刨出片狀。
2. 把牛梅花肉片鋪平，上面放上黃瓜片後捲起，把所有的牛肉片一一捲起。

烹調料理

1. 平底鍋裡倒入 1 大匙油，在冷油的時候就可以把捲好的牛肉捲收口朝下一一排入。
2. 用小火慢煎的方式進行，等到金黃上色，大概煎 1 分鐘後再進行翻動，（等每一面都煎到金黃金黃就可以）準備起鍋，先將少許的小黃瓜片鋪底，再把煎好的牛肉捲都排列在盤子裡面 最後淋上市售的胡麻醬即可。

Viola's TIPS

1. 重點在於牛肉片的長度要比小黃瓜片的長度要長一些，翻捲到最後的尾端要能完全的包覆住小黃瓜，這樣在煎煮的過程才不會散開。
2. 肉要放入平底鍋油煎時，收口面要朝鍋底，這樣子就可以幫助收口處黏合，較不會散開。
3. 這道菜是帶點日式風味的牛肉捲小菜，如果喜歡香氣重一點的，可以另外添加黑白芝麻。

15 泡菜炒牛肉

縮時祕密武器
平底鍋

食用份量

烹調料理 1
牛肉片炒到半熟

烹調料理 2
放入泡菜調味料
轉成大火進行拌炒

鹹味 ★☆☆☆☆
甜味 ★☆☆☆☆
辣味 ★☆☆☆☆
香味 ★★★☆☆

食材
牛梅花肉片 200 公克，泡菜 200 公克 ，蔥末 1 大匙

調味料
鹽 1/2 小匙，糖 1 小匙

烹調料理
1. 平底鍋裡倒入 1 大匙油，開中火，等到油熱了後放入牛肉片炒到半熟。
2. 接著放入泡菜還有調味料，並轉成大火進行拌炒，時間大約 3 分鐘，撒上蔥末就可以上桌。這道菜的牛肉片沒有經過醃製，所以不建議在鍋中拌炒過久，避免牛肉會變柴口。

Viola's TIPS
1. 泡菜如果買到的是片狀，而且是比較大片的，建議可以先切成小片狀。
2. 這一道菜屬於快炒料理，所以沒有太複雜的調理過程，以泡菜做為主要的味型，所以只要選擇自己喜歡的泡菜品牌，這道料理就會是家人還有自己都喜歡的菜色。

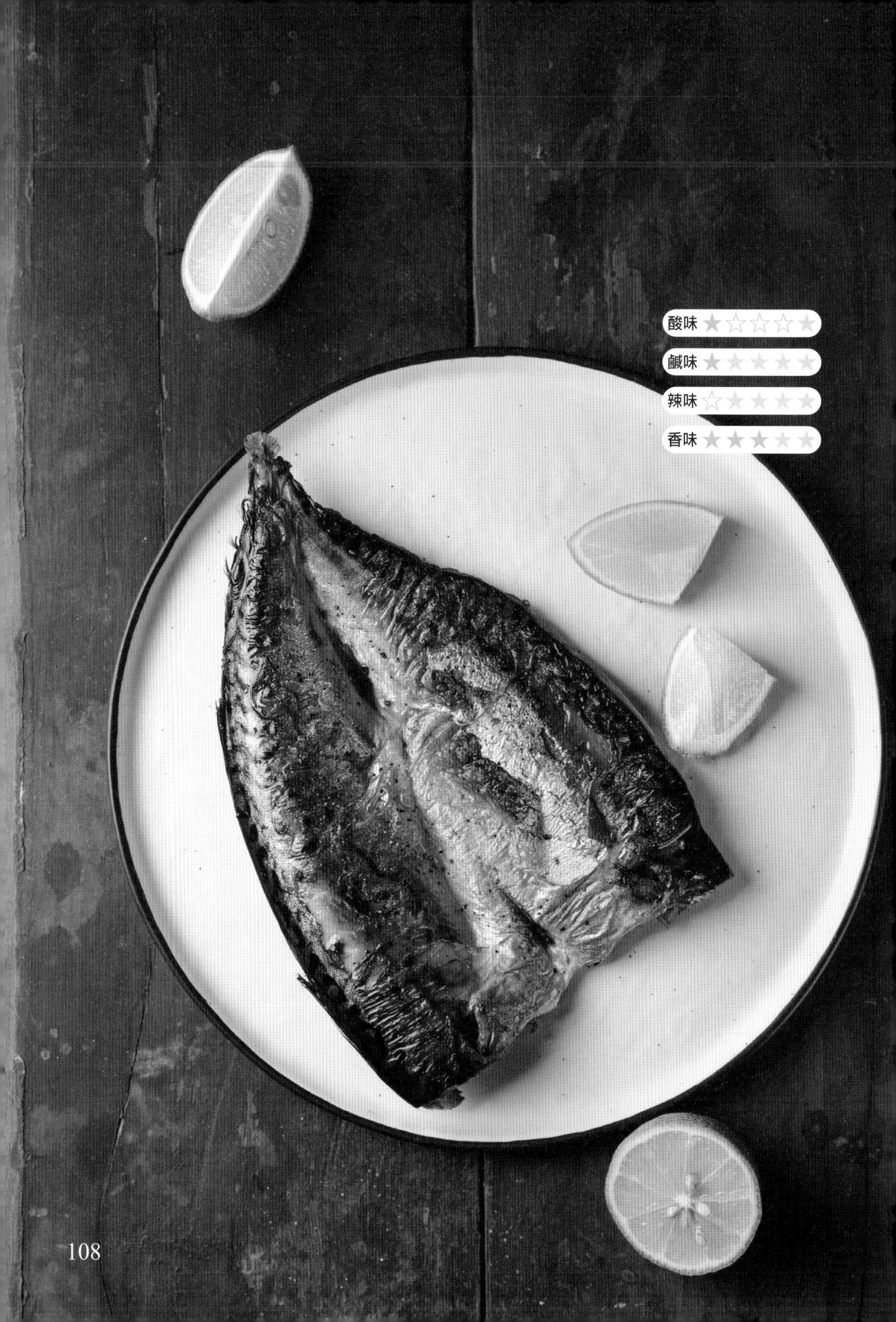
酸味
鹹味
辣味
香味

01
香煎鯖魚

縮時祕密武器
平底鍋

食用份量

準備工作 1
鯖魚去除內臟展開後抹鹽
水分用餐巾紙吸乾

烹調料理 1
皮面的部分放入鍋裡

烹調料理 2
小火煎熟
加入胡椒鹽、檸檬汁

食材
新鮮鯖魚 1 隻

調味料
胡椒鹽少許，檸檬 1/2 片

準備工作
1. 新鮮的鯖魚去除內臟，把魚片開像是一夜干那樣展開的狀態，在魚肉上抹上 1 小匙的海鹽（份量外）。
2. 將魚身上的水分用餐巾紙吸乾，這個動作是避免煎製的時候產生油爆。

烹調料理
1. 平底鍋裡倒入 1 大匙油，用小火加熱，等到油熱了之後，就可以把鯖魚放入，先把皮面的部分放入鍋裡，等到皮面上色，再翻面煎肉面。
2. 在烹調的過程中，都以小火慢煎的方式進行，不需要太大的火，因為如果魚肉火太大的話，肉身會不熟。所以上桌的時候，要加入少許的胡椒鹽、檸檬汁，就是一道美味的魚料理。

Viola's TIPS
煎魚的時候不需要一直翻動，當一面已經煎到熟成以後，也就是呈現金黃色再進行翻面就可以避免支離破碎。

酸味
甜味
鹹味
香味

02
醬燒鮭魚

縮時祕密武器
平底鍋

食用份量

2分
準備工作 1-2
洋蔥切絲泡入冰水
鮭魚肉切成塊狀醃製

5分
烹調料理 1
鮭魚煎出金黃上色
加入調味料進行燒煮

2分
烹調料理 2
醬汁收稠即可盛盤
端出

食 材
鮭魚肉 1 片，洋蔥 1/2 顆，香菜 2 枝，辣椒 1 根，蒜頭 2 小瓣，檸檬 1/2 顆

醃製調味料
醬油 1 大匙，味醂 1 大匙，米酒 1 大匙

調 味 料
醬油 1 大匙，味醂 1 大匙，米酒 1 大匙，清水 3 大匙

準備工作
1. 洋蔥洗淨後，去頭尾、外皮，切成絲狀，泡入冰水備用。
2. 鮭魚肉切成塊狀，大小約 2.5 公分的寬度，加入調味料進行醃製，再放入蒜片跟辣椒片一起醃製，醃製時間大約是 20 分鐘，就可以進行料理，如果要更入味，建議醃 30 分鐘。

烹調料理
1. 準備 1 個平底鍋，放入 1 大匙的油用小火加熱，等到鍋熱後，放入醃製好的鮭魚，先把肉面煎出微微金黃，等到每一面都金黃上色後，把醃製鮭魚肉的調味料倒入，鍋裡再額外加入 3 大匙的清水，一起進行燒煮。燒到醬汁收稠，這樣子就可以確保鮭魚肉確實熟成。
2. 最後醬汁收稠後，鮭魚肉就已經熟成了，只要準備一個盤子先放上洋蔥絲，再把煎好的醬燒的鮭魚肉放到洋蔥上面，撒上香菜段就可以了，旁邊可以放上檸檬，要吃的時再將檸檬汁擠在鮭魚肉上即可。

03 奶油海鮮蔬菜燴

縮時祕密武器
炒鍋

食用份量

5分		
準備工作 1-2	烹調料理 1	烹調料理 2
魷魚切片汆燙撈起，處理紅黃彩椒、洋蔥、蒜頭	蒜片及洋菇片 用中火炒出香氣	放入彩椒、燙過的魷魚奶油再調味即可

食材

新鮮魷魚 1 隻，紅彩椒 1/2 個，黃彩椒 1/2 個，洋菇 4 個，蒜頭 4 小瓣

調味料

奶油 20 公克，鹽 1/2 小匙，糖 1/2 小匙，義式香料 1/2 小匙，黑胡椒粉 1/2 小匙

準備工作

1. 新鮮魷魚切成片狀，下滾水汆燙 1 分鐘撈起備用
2. 紅黃彩椒分別喜去蒂及籽，切成長條狀；洋蔥去皮，洋菇洗淨以後均切成片狀； 蒜頭洗淨後，去除頭尾均切成片狀。

鹹味★★★★★
甜味★★★★★
辣味☆★★★★
香味★★★★★

烹調料理

1. 炒鍋裡面放入 1 大匙的油，先放入蒜片及洋菇片，用中火炒出香氣。
2. 再放入紅、黃彩椒一起拌炒，當紅黃彩椒稍微炒軟之後，就可以放入燙過的魷魚，最後起鍋前加入奶油以及調味料，開中小火進行最後的拌炒。

Viola's TIPS

拌炒時因為加入奶油，奶油的熔點比較沒有這麼高，所以火力不需要太大，避免因為火力太大了焦化，這裡原則上都是中小火進行最後的拌炒，就可以準備起鍋。

04 糖醋鮭魚燒

縮時祕密武器
平底鍋

食用份量

準備工作 1-2 鮭魚進行醃製，處理紅黃彩椒、洋蔥、蒜頭	→	烹調料理 1 鮭魚兩面煎到金黃上色移出鍋子	→	烹調料理 2 加入調味料配料放入鮭魚燒煮收汁

食材

鮭魚一片，紅彩椒 1/2 個，黃彩椒 1/2 個，洋蔥 1/2 顆

醃製調味料

醬油 1 大匙，味醂 1 大匙，米酒 1 大匙

調味料

番茄醬 3 大匙，白醋 2 大匙，糖 2 大匙，清水 50 ml

準備工作

1. 紅、黃彩椒去蒂及籽，切成片；洋蔥去除頭尾，及外皮，洗淨後切片。
2. 鮭魚使用一整片進行醃製。

烹調料理

1. 平底鍋裡面放入 1 大匙的油，用小火加熱到鍋熱，放入鮭魚肉片，把兩面煎到金黃上色，就可以先移出鍋子。
2. 用原鍋裡面剩下的油，加入番茄醬還有白醋、糖進行炒香，等到香味逸出，再加入洋蔥片還有紅、黃彩椒一起拌炒至微軟，再將鮭魚肉放回鍋裡，加入清水進行燒煮，讓醬汁稍微收濃，這道糖醋鮭魚燒就可以上桌。

Viola's TIPS

這道菜色本身屬於比較酸甜風味，也是一道非常下飯的料理。

酸味
甜味
鹹味
香味

鹹味 ★☆☆☆★
甜味 ★★★★★
辣味 ☆★★★★
香味 ★★★★★

05
涼拌海鮮沙拉

縮時祕密武器
炒鍋

食用份量

準備工作 1-2
魷魚切片，蝦子去腸泥，處理配料

烹調料理 1
汆燙魷魚跟蝦子撈出泡入冰水中

烹調料理 2
調味醬料拌勻所有食材混合即可

食材
新鮮魷魚一隻，蝦子 5 隻，洋蔥 1/4 顆，小番茄 4 顆，美生菜 100 克

調味料
泰式甜雞醬 2 大匙，魚露 1 大匙，檸檬汁 1 大匙

準備工作
1. 把魷魚洗淨切片，蝦子開背去腸泥。
2. 小番茄洗淨、對切；洋蔥洗淨，去頭尾及外皮，切絲；美生菜洗淨後切絲，可以把洋蔥跟美生菜泡入冰水，增加蔬菜的脆口感。

烹調料理
1. 鍋中放入水煮滾，把魷魚跟蝦子放入滾水中汆燙大約 2～3 分鐘就可以撈出，撈出後把蝦子跟魷魚放入冰水中冰鎮。
2. 接下來將調味料的泰式甜雞醬、魚露、檸檬汁一起混合拌勻，加入剛剛燙煮好的蝦子跟魷魚，還有洋蔥、小番茄、美生菜一起混合拌勻，就是一道清爽美味的沙拉料理。

Viola's TIPS
1. 洋蔥、美生菜切絲後泡入冰水中，可以增加蔬菜的脆口感，洋蔥泡過冰水後可以減緩辣度。
2. 冰鎮蝦子跟魷魚的冰塊水裡面，可以額外添加檸檬片或是檸檬汁，增加香氣。
3. 海鮮在汆燙完後進行冰鎮，避免過熟，經過快速冷卻，也可以保持更好的口感。
4. 泰式甜雞醬本身有一定的甜度，所以在調味料上並沒有額外加入糖，但是如果把醬料調勻以後覺得甜度不夠，可以增加其他醬料來調整風味。

06 蘆筍山藥炒魷魚

縮時祕密武器

平底鍋 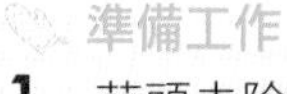

準備工作 1-3

蘆筍削除較老纖維，山藥去皮切條狀，處理辛香料

烹調料理 1-2

汆燙蘆筍、山藥、魷魚片

烹調料理 2-3

爆香蒜片辣椒及食材調味，快速翻炒即可

食用份量 

食材

蘆筍 10 支，山藥 200 克，魷魚一隻，蒜頭 4 小瓣，辣椒 1 根

調味料

鹽 1 小匙，糖 1 小匙，
胡椒粉 1/4 小匙

準備工作

1. 蒜頭去除頭尾、切片；辣椒洗淨，去除蒂頭、切片。
2. 蘆筍洗淨後，尾端切除，用削皮器把表面比較老的纖維削除，切段備用。
3. 山藥去皮，切成小條狀，泡在清水可以避免氧化。

烹調料理

1. 鍋中倒入清水煮滾，放入 1 大匙的鹽，以及 1 大匙的油，再放入蘆筍燙煮約 2～3 分鐘，當色澤變化呈現鮮綠色時，就可以撈出；山藥也要進行汆燙，放入滾水中汆燙 2～3 分鐘再撈出備用。
2. 等到蔬菜類全部燙完，接著放入魷魚片燙煮約 2～3 分鐘，撈出後備用。要預防肉質過度熟成，或是口感太過於老化，可以在汆燙撈取出後泡入冰水中。

3. 平底鍋中放入 1 大匙的油，油熱後可以放入蒜片、辣椒片一起拌炒，加入剛剛燙煮過的蘆筍、山藥，以及調味料，轉大火快速翻炒一下，最後淋上香油就可以起鍋，由於食材都經過燙煮，所以不需要在鍋裡面翻炒太久，只要拌勻就可以快速上桌。

Viola's TIPS

1. 削山藥皮的時候可以戴上手套，可避免手發癢。
2. 新鮮魷魚如果想要成品漂亮一點，可以切出紋路，如果要切紋路，先把魷魚切開，把紋路切在裡面，這樣子經過燙煮後才會出現明顯的花紋。
3. 這道料理每樣食材的性質都不太一樣，所以會先氽燙處理，等到氽燙完後再一起下鍋拌炒，就可以更好掌握食材的熟成狀態。
4. 如果使用的是日本山藥，風味上會更脆口，不過比起台灣本土所產，價格上會比較貴一點，所以可以自行做選擇。

鹹味 ★☆☆☆☆
甜味 ★★★★★
辣味 ☆★★★★
香味 ★★★★★

鹹味 ★★☆☆☆

甜味 ☆☆☆☆☆

辣味 ☆☆☆☆☆

香味 ★★★☆☆

07 蟹管肉蒸豆腐

縮時祕密武器
電鍋

食用份量

準備工作 1-2
雞蛋豆腐切片
蔥切絲泡水，辣椒切絲

烹調料理 1
排入雞蛋豆腐片及蟹管肉，蒸煮

烹調料理 2
蒸煮的湯汁加入調味料煮滾淋在蟹管肉豆腐上，擺上蔥絲、辣椒絲

食材

雞蛋豆腐 1 盒，蟹管肉 150 公克，蔥 1 枝，辣椒 1 根

調味料

日式醬油 3 大匙，香油 1 大匙，米酒 2 大匙，水 100 ml

準備工作

1. 雞蛋豆腐取出後沖洗淨、切片。
2. 蔥洗淨、去除頭部、切絲，泡水；辣椒洗淨，去蒂及籽，切絲。

烹調料理

1. 準備一個大容器，容器必須要有一定深度，因為蒸過後會帶湯汁，雞蛋豆腐片鋪在容器的底部，再排入洗淨的蟹管肉。
2. 放入電鍋裡面，外鍋加入一杯水進行蒸煮，時間大約 8 分鐘，取出。
3. 把容器裡面蒸煮出來的湯汁倒入鍋中，加入米酒、日式醬油，以及水一起煮滾後，淋在蟹管肉跟豆腐上，擺上蔥絲、辣椒絲，最後淋上香油，完成。

Viola's TIPS

1. 蟹管肉可以購買在賣場一整包剝好的，會更省時。
2. 這道料理的份量是以多人份而準備的，所以如果要食用的人不是那麼多，就可以斟酌減量。
3. 雞蛋豆腐本身帶有鹹味，所以這道菜不需要太重的調味，蠻推薦使用日式醬油，會更符合清爽的和風料理的感覺。

08 荷蘭豆炒蝦仁

縮時祕密武器

平底鍋

食用份量

1分	2分	5分
準備工作 1-2	烹調料理 1	烹調料理 2
蝦仁去腸泥醃製，荷蘭豆去除粗筋，蒜頭切片	汆燙荷蘭豆、蝦仁	蒜片拌炒香，放入荷蘭豆蝦仁後調味

食材

蝦仁 10 隻，荷蘭豆 200 公克，蒜頭 4 小瓣

調味料

鹽 1 小匙，胡椒粉 1/2 小匙

準備工作

1. 蝦仁要先開背去除腸泥。
2. 荷蘭豆洗淨、去除粗筋備用；蒜頭洗淨後去除頭尾、切片。

烹調料理

1. 鍋中倒入清水煮滾，放入荷蘭豆燙煮約 2 分鐘，當色澤變化呈現鮮綠色時，就可以撈出；蝦仁也要進行汆燙，放入滾水中汆燙 30 秒，撈出備用。

2. 平底鍋中放入 1 大匙的油，開中火油熱後可以放入蒜片拌炒，香氣逸出時，即可放入荷蘭豆還有蝦仁以及調味料，轉大火快速翻炒一下，就可以起鍋盛盤。

Viola's TIPS

由於食材都經過燙煮，所以不需要在鍋裡面翻炒太久，避免把蝦仁肉質炒老。

鹹味
甜味
辣味
香味

09 清蒸魚片

縮時祕密武器
電鍋 

食用份量 

1分	2分	5分
準備工作 1-2 鯛魚片切片，蔥切絲泡水，蒜頭切末、薑切絲	準備工作 3 預熱電鍋	烹調料理 1-2 魚片入薑絲調勻的調味料入電鍋蒸煮後撒薑絲

食材

鯛魚片 300 公克，蔥 2 枝，蒜頭 4 小瓣，薑片 3 片

調味料

破布子 2 大匙，米酒 2 大匙，醬油 1 小匙

準備工作

1. 鯛魚片洗淨、切成片狀。
2. 蔥洗淨、後去除頭部、切絲，泡水；蒜頭洗淨，去除頭尾、切末；薑切成絲狀。
3. 這道菜是使用電鍋蒸煮，電鍋要先行預熱，所以在電鍋的外鍋先加入一杯的水，按下開關讓電鍋先加熱。

烹調料理

1. 準備一個容器，放入魚片上面鋪入薑絲、調勻的調味料、蒜末，容器必須要有一定深度，因為蒸過後會帶湯汁。
2. 放入電鍋裡面，外鍋加入一杯水進行蒸煮，時間大約 7～9 分鐘，取出，撒上蔥絲即完成。

Viola's TIPS

1. 電鍋要預熱，這樣蒸出來的魚肉會比較好吃。如果不是使用電鍋，而是使用瓦斯蒸煮也是要水滾之後才把魚肉放進去。
2. 蒸煮時的熱循環所產生的蒸氣是很燙的，所以在開鍋蓋時，要留意一下，最好可以戴手套避免燙傷。

鹹味
甜味
辣味
香味

10
秋刀魚味噌煮

縮時祕密武器
平底鍋

食用份量

準備工作 1
處理秋刀魚
均切成 3 等份

烹調料理 1
秋刀魚兩面煎到金黃
上色取出

烹調料理 2-3
深鍋放入昆布調味料煮
滾放入秋刀魚味噌續煮

食材

秋刀魚 4 隻，薑片 8 片，昆布 1 片，蔥末 1 小匙

調味料

醬油 2 大匙，味醂 50 ml，醋 2 大匙，米酒 200 ml，水 200 ml，味噌 2 大匙

準備工作

1. 秋刀魚的魚身切開，把內臟還有血塊清除乾淨，去除頭尾，將魚身均切成 3 等份。

烹調料理

1. 準備一個平底鍋，鍋中放入 1 大匙的油用中火加熱到油熱，放入秋刀魚，把兩面都煎到金黃上色，取出備用。
2. 準備另外一個深鍋，鍋裡面放入醬油味醂、醋、水、米酒、薑片、昆布，用大火煮到醬汁煮滾後，放入煎過的秋刀魚，轉成中小火，繼續煮約 20 分鐘
3. 加入味噌續煮約 5 分鐘，就可以撈出盛盤，撒上蔥末。

Viola's TIPS

1. 這裡所使用的味噌，建議使用鹹度上比較沒有這麼高的白味噌，因為還額外加了醬油，所以如果選擇的是鹹度過高的味噌，可能整體就會有味道過重的疑慮。
2. 這道菜色滷製的時間越久，秋刀魚就越入口即化，這道菜因為只滷了 25 分鐘，所以肉質上是很軟嫩的狀態，但如果要連骨頭都入口即化，這樣烹煮的時間就需要更久。也可以考慮使用快鍋來製作這道料理，加速上桌。

LE CREUSET
鹹味
甜味
辣味
香味

11
檸檬魚

縮時祕密武器
電鍋

食用份量

準備工作 1
鱸魚去除內臟洗淨
處理配菜辛香料預熱電鍋

烹調料理 1
所有調味料調勻

烹調料理 2
容器鋪入洋蔥放上鱸魚
淋上醬料辛香料蒸煮

食材
鱸魚 1 隻，洋蔥 1/2 個，香菜 3 根，蒜頭 4 小瓣，辣椒 1 根

調味料
鹽 1/2 小匙，胡椒粉 1/2 小匙，米酒 30 ml，檸檬汁 2 大匙，糖 1 大匙

準備工作
1. 鱸魚洗淨、去除內臟還有血塊後，清洗乾淨。
2. 洋蔥洗淨、後去除頭部及外皮，切絲；香菜洗淨，去除根部，切段；蒜頭洗淨，去除頭尾、切末；辣椒洗淨，去蒂及籽，切片。
3. 這道菜是使用電鍋蒸煮，電鍋要先進行預熱，所以在電鍋的外鍋先加入一杯的水，按下開關讓電鍋先加熱。

烹調料理
1. 準備一個容器，放入所有調味料調勻，可以先試一下口感，也可以依照自己喜歡的鹹甜風味去做調整。
2. 準備一個深一點的容器，先放入洋蔥鋪底，再放上鱸魚，淋上醬料、撒上蒜末還有辣椒片，再放入已經預熱好的電鍋裡面，外鍋再加入一杯水，蒸煮時間大約是 12～15 分鐘，蒸煮完成之後，從電鍋裡面取出，最後撒上香菜，這道菜就完成。

Viola's TIPS
1. 電鍋還是要先進行預熱，這樣蒸出來的魚肉會比較好吃。如果不是使用電鍋，而是使用瓦斯蒸煮，也要在水滾之後才把魚肉放進去。
2. 如果是一斤的鱸魚，蒸煮時間大概是 15 分鐘，所以主要是依照自己買魚的大小來增減蒸煮時間。
3. 如果是使用瓦斯來進行蒸煮，鍋子裡面就要放入適量的水量，等煮滾之後再放入蒸煮架，再把魚放入、蓋上蓋子進行蒸煮，時間可以根據自己所買的魚的大小來進行調整。

鹹味
甜味
辣味
香味

12
快炒蛤蜊

縮時祕密武器
平底鍋

食用份量

2分	2分	5分
準備工作 1-2 浸泡蛤蜊處理辛香料	烹調料理 1 炒香豆豉蒜末薑末辣椒末，放入蛤蜊及米酒進行	烹調料理 2 加入烏醋、九層塔、蔥段拌炒撈出盛盤

食材

蛤蜊 1 斤，蒜頭 4 小瓣，蒜末 20 公克，辣椒 1 根，蔥 2 枝，九層塔 40 公克

調味料

豆豉 2 大匙，米酒 2 大匙，烏醋 1 小匙，水 50 ml

準備工作

1. 準備一碗鹽水，鹽跟水的比例為 15 公克的鹽，放入 50 ml 的水中調製成鹽水，將蛤蜊放入，浸泡約 1 小時。
2. 蒜頭洗淨，去除頭尾，切末；蔥洗淨、切末；辣椒洗淨、去蒂、切末；九層塔洗淨，瀝水備用。豆豉要先泡水 15 分鐘，可去除鹹味還有雜質。

烹調料理

1. 準備一個平底鍋，鍋中放入 1 大匙的油，開中火加熱，放入豆豉、蒜末、薑末、辣椒末炒出香氣，放入蛤蜊及米酒進行拌炒，蓋上蓋子後藉由鍋子裡面的熱循環讓蛤蜊可以均勻受熱。
2. 當受熱之後蛤蜊就會依序開啟，這時就可以開蓋，觀察蛤蜊是不是全部打開的狀態，最後從鍋邊加入烏醋，再加入九層塔、蔥段拌炒一下就可以撈出盛盤。

Viola's TIPS

1. 烏醋從鍋邊熗鍋，香氣會更好。
2. 只要是蛤蜊這類需要吐沙的食材，盡量都泡鹽水進行吐沙，但如果下班時沒有那麼多時間可以處理，市場可以買到已經吐沙乾淨的，就能馬上進行烹煮。

鹹味
甜味
辣味
香味

13
蒜蓉蒸蝦

縮時祕密武器
電鍋

食用份量

準備工作 1-2
蔥、蒜頭切末
蝦子去除腸泥，擦乾水分

準備工作 3-4
按下電鍋開關預熱，調味料進行混合拌勻到糖融化

烹調料理 1
蝦子鋪在盤子上，淋上調味料蒜末蒸煮至熟

食材
白蝦 10 隻，蒜頭 6 小瓣，蔥 1 枝

調味料
米酒 1 大匙，醬油 1 大匙，糖 1 小匙

準備工作
1. 蔥洗淨、切末；蒜頭洗淨，去除頭尾、切末。
2. 蝦子先開背、去除腸泥，將水分擦乾。
3. 這道菜是使用電鍋蒸煮，電鍋要先進行預熱，所以在電鍋的外鍋先加入一杯的水，按下開關讓電鍋先加熱。
4. 調味料的部分先進行混合拌勻直到糖拌到融化。

烹調料理
1. 將蝦子平鋪在上面，淋上調味料，撒上一半蒜末，再放入已經預熱好的電鍋裡面，外鍋再加入一杯水，蒸煮時間大約是 6～8 分鐘，直到電鍋跳起。
2. 蒸煮完成後，從電鍋裡面取出，撒上另一半蒜末、蔥花，這道菜就完成。

Viola's TIPS

這道料理真的非常簡單，只要記得把蝦子進行開背後再進行蒸煮，會讓蒸煮之後看起來的蝦子稍微大隻一點，外型上也會更加美觀。

14 鳳梨蝦球

縮時祕密武器
炒鍋

食用份量

準備工作 1-3
鳳梨片切成 4 等份，鮮蝦去頭、去殼、去除腸泥加入米酒鹽醃製沾裹中筋麵粉

烹調料理 1
裹好粉的蝦仁用半煎炸到熟成取出，裹上美乃滋

烹調料理 2
盤子中先鋪上鳳梨片，放上蝦仁即完成

食 材

蝦仁 10 隻，鳳梨罐頭 1 小罐，中筋麵粉 4 大匙

醃製醬料

米酒 1 小匙，鹽 1/4 小匙

調 味 料

美乃滋適量

準備工作

1. 鳳梨罐頭取出鳳梨片，每一片切成 4 等份。
2. 鮮蝦去頭、去殼、開背，去除腸泥洗乾淨後，擦乾水分，放入碗中，加入米酒鹽稍微醃製約 5 分鐘。
3. 醃製好的蝦仁均勻沾裹上中筋麵粉，剖面部分也要沾裹到，且要下鍋前再進行沾粉。

烹調料理

1. 鍋裡倒入 6 大匙的油，用中火加熱，等到油熱出現油紋，就可以把裹好粉的蝦仁慢慢放入，然後使用半煎炸的方式煎炸到熟成，時間上大約 3 分鐘，蝦仁就可以完全的熟成。
2. 把油炸好的蝦仁取出，均勻裹上美乃滋。
3. 取一個盤子，先鋪上鳳梨片，再放上已經裹上美乃滋的蝦仁，這道鳳梨蝦球就完成。

鹹味☆★★★★
甜味★★★★★
辣味☆★★★★
香味★★★★★

Viola's TIPS

1. 這裡我所使用的方式是適合家庭料理的半煎炸的方式，但其實這道菜色是可以使用油炸方式來進行，鍋裡面放入 1/3 的油量，並且加熱到出現油紋，這時的溫度大約是 120℃，就可以把蝦仁放入。
2. 油炸第一次時，就是讓蝦仁稍微上色就可以取出，取出後再把油溫再度加熱，油溫拉高，再次放入蝦仁炸到金黃色，即可撈出。
3. 用二次油炸的方式，可以讓蝦仁的口感更脆，在風味上會比較好吃。想要用多一點的油脂來料理，或者是用半煎炸的方式來料理，可以依照個人的喜愛來進行。

15 三杯中卷

縮時祕密武器
平底鍋

食用份量

1分	2分	5分
準備工作 1-3 中卷去除內臟，切成圈狀，處理辛香料	烹調料理 1 用小火把薑片煸香爆香蒜頭、辣椒蔥白	烹調料理 2 放入中卷，調味料到中卷熟成，最後加入九層塔拌炒

食 材

中卷 2 隻，蔥 3 枝，蒜頭 4 小瓣，辣椒 2 根，薑片 8 片，九層塔 1 大把

調 味 料

麻油 2 大匙，醬油 3 大匙，米酒 3 大匙，糖 1 大匙

準備工作

1. 中卷洗淨、去除內臟，切成圈狀。
2. 辣椒洗淨去蒂及籽；蒜頭去皮以後切片，九層塔洗淨，切成段。
3. 蔥洗淨，把蔥白、蔥綠分開。

烹調料理

1. 平底鍋裡倒入麻油，在冷油的時候就把薑片放入，用小火把薑片煸出香味，且煎到有點捲曲的狀態，加入蒜頭、辣椒還有蔥白一起爆香用中火加熱。

2. 放入中卷後，同時加入醬油、糖、米酒、辣椒一起進行拌炒的動作，等到中卷變色熟成，最後加入九層塔、蔥綠拌炒一下就可以起鍋，避免中卷在鍋子裡面的時間過久，這樣子煮出來的口感才會比較剛好。

Viola's TIPS

1. 海鮮類熟成的時間真的非常短，所以料理的時間不需要太久，避免煮過頭，也會有越煮越小的問題。
2. 這道料理算快炒料理，所以建議把材料都準備好再進行烹煮，就可以避免手忙腳亂。

PART 3

10 分鐘實戰攻略！
39 道工序不麻煩令人吮指的縮時配菜

鹹味 ★☆☆☆☆

甜味 ★★☆☆☆

辣味 ☆☆☆☆☆

香味 ★★★☆☆

01
香菜豆皮卷

縮時祕密武器
平底鍋

食用份量

準備工作 1-2
香菜洗淨切段狀，一片豆皮包入香菜花生粉捲起

烹調料理 1-3
排入豆皮卷煎上色、對切

食材
生豆皮〈生豆包〉6片，香菜12～15枝，花生粉6大匙

調味料
醬油膏1大匙

準備工作
1. 香菜洗淨，切成段狀，原則上與豆皮寬度為基準，以不超過豆皮寬度為佳。
2. 取一片豆皮，輕輕撕開，就可以展開成長條狀，在同一個區塊裡，先撒上一匙的花生粉，放入2～3枝的香菜，再包捲起來，收口處避免有花生粉或香菜，其他豆皮也依序完成。如果擔心在煎煮過程中收口處裂開，可以在黏合處抹上麵粉水〈麵粉：水＝1：1〉，來加強黏合效果。

烹調料理
1. 平底鍋中倒入1大匙油，開小火加熱，在冷油時就可以把豆皮捲以收口朝下的方式排入，改用小火慢煎，煎製時間大約是1分鐘後，再進行翻動。
2. 避免散開，一定要確實把一面煎出呈現微黃後，再煎製其他面也煎到微黃上色後取出。
3. 等到豆腐捲冷卻後再對切排盤，可以搭配醬油膏一起食用。

鹹味 ★★★☆☆

甜味 ★★☆☆☆

辣味 ☆☆☆☆☆

香味 ★★★☆☆

02 蜜汁豆干

縮時祕密武器
平底鍋

食用份量

準備工作 1
黑豆干汆燙切 4 等份

烹調料理 1
豆干用小火慢煎上色

烹調料理 2
加入所有調味料燒煮

食材

黑豆干 300 公克，黑芝麻或白芝麻 1 大匙

調味料

手工醬油 3 大匙，烏醋 1 大匙，糖 1 大匙

準備工作

1. 黑豆干洗淨，放到滾水裡面汆燙，時間大概是 5 分鐘，撈出瀝乾，把黑豆干均切成 4 等份備用。

烹調料理

1. 平底鍋中倒入 1 大匙油，以中火加熱後，將豆干排入，改用小火慢煎，先把一面確實煎出來呈現金黃色後，再翻面，繼續把另一面也煎到金黃上色，才可以進行下面的動作。
2. 在煎製豆腐等待的時間，可以把調味料一一量好混合均勻，等豆腐煎好，就可以淋入，這樣可以省下不少時間。最後加入所有調味料一起燒煮，改成小火，讓醬料可以完全的裹覆在豆干上，最後撒上芝麻即完成。

Viola's TIPS

這一道菜是不帶湯汁的，醬料會完全沾覆在豆干上面，所以當醬汁開始收稠時，就可以把火力調整成小火，避免產生焦化現象，最後在起鍋前撒上芝麻就可以上桌。

03 涼拌干絲

準備工作 1
芹菜切段、
紅蘿蔔切絲

烹調料理 1-3
燙煮芹菜、紅蘿蔔、
干絲

烹調料理 4
所有食材與調味料拌
勻即可

縮時祕密武器
深鍋

食用份量

食材
干絲 200 公克，芹菜 2 枝，紅蘿蔔 50 公克

調味料
鹽 1 小匙，糖 1/4 小匙，香油 2 大匙

準備工作
1. 芹菜洗淨，去除根部及葉子，切段；紅蘿蔔去皮、切絲。干絲可剪約 5～6 公分的長段。

烹調料理
1. 深鍋中燒一鍋滾水，放入鹽 1 大匙及 1 大匙的油〈皆份量外〉，放入芹菜段燙煮約 2 分鐘，撈出、瀝乾水分後備用。
2. 繼續將紅蘿蔔絲放入鍋中，燙煮約 3 分鐘，撈出、瀝乾水分後備用。
3. 接著放入干絲，燙煮約 5 分鐘，撈出後放涼備用。
4. 準備一個大碗，將所有食材與調味料一起放入後攪拌均勻，即可盛盤。

Viola's TIPS
這道菜原則上香油的量會加得比較多一點，避免表面過於乾燥，如果不希望口感上這麼油，也可以把香油的量減成 1 大匙，但相對的，潤滑感就沒有那麼好，所以可以根據自家喜歡的風味來斟酌調整。

04 糖醋豆腐

縮時祕密武器
平底鍋

食用份量

Viola's TIPS
這道料理所使用的豆腐是傳統的板豆腐，一小盒大概是 250 公克左右的份量，這一道菜原則上 都是以中小火來進行，期間不需要轉大火來做調理。

鹹味 ★☆☆☆☆
甜味 ★★☆☆☆
辣味 ☆☆☆☆☆
香味 ★★★☆☆

2分	5分
準備工作 1-2 板豆腐切 3 公分的大小，蔥切末	烹調料理 1-2 豆腐金黃色 加入所有調味料燒煮

食材
板豆腐一盒〈約 250 公克〉，蔥 1 枝

調味料
醬油膏 1 大匙，番茄醬 3 大匙，糖 2 大匙，白醋 2 大匙

準備工作
1. 把板豆腐切成適口的大小，一塊豆腐大概是切成 3 公分的小塊狀，不要切得過小，以免造成在煎製過程中難翻面的情況產生。
2. 蔥洗淨，去除根部，切末備用。

烹調料理
1. 平底鍋中倒入 2 大匙油，以中火加熱後，將豆腐排入，改用小火慢煎，先把一面確實煎出來呈現金黃色後，再翻面，繼續把另一面也煎到金黃上色，才可以進行下面的動作。
2. 加入所有調味料一起燒煮，改成中小火，讓醬料只要稍微收乾就好，會帶一些微微的湯汁，最後撒上蔥末稍微拌炒一下即完成。

05 日式滑蛋豆腐

縮時祕密武器
平底鍋

食用份量

準備工作 1-2
蔥切末，雞豆腐切片
雞蛋攪拌均勻

烹調料理 1-2
豆腐煎至金黃色
加入所有調味料燒煮

烹調料理 1-2
倒入蛋液，呈現半熟
關火

食 材

雞蛋 2 顆，雞蛋豆腐 1 盒，蔥 1 枝，柴魚片 10 公克

調 味 料

日式醬油 1 大匙，味醂 1 大匙，水 100 ml

準備工作

1. 蔥洗淨後，切末。
2. 將雞蛋豆腐取出，均切成 12 片；雞蛋打入碗中後攪拌均勻。

烹調料理

1. 平底鍋中倒入 2 大匙油，開中火加熱，等出現油紋，放入雞蛋豆腐，將兩面煎到微黃上色，即可加入調味料一起燒煮約 5 分鐘。
2. 倒入蛋液，等到蛋液表面變色，呈現半熟的狀態時，就可以關火，加入柴魚片、撒上蔥花即可。重點是加入蛋液後不要煮到全熟，而是當蛋液呈現半熟時，靠餘溫來加熱，讓入口時可以呈現更滑嫩的口感。

06 紅燒板豆腐

縮時祕密武器
炒鍋

食用份量

2分
準備工作 1-2
蔥切段
豆腐切 2.5 公分片狀

5分
烹調料理 1
豆腐煎至金黃色
加入所有調味料燒煮

5分
烹調料理 2
加入所有調味料一起
燒煮入味

食材

板豆腐 200 公克，蔥 1 枝

調味料

醬油 2 大匙，糖 1 大匙，水 100 ml

準備工作

1. 把板豆腐切成洗淨，切成約 2.5 公分片狀。
2. 蔥洗淨，去除根部，切段備用。

烹調料理

1. 平底鍋中倒入 2 大匙油，以中火加熱後，等鍋中出現油紋，就可以把豆腐放入，轉小火慢煎，煎到豆腐都金黃上色。
2. 加入所有調味料一起燒煮，改成大火，燒煮約 8 分鐘，最後撒上蔥段稍微拌炒約 1 分鐘即可撈出盛盤。

Viola's TIPS

這道菜食材很簡單，料理方式也很簡單，完成後的紅燒板豆腐帶有湯汁，是很下飯的配菜，所以當不知道吃什麼時，這道菜是我很推薦的菜色。

鹹味 ★★☆☆☆
甜味 ☆☆☆☆☆
辣味 ☆☆☆☆☆
香味 ★★★☆☆

鹹味 ★★☆☆☆
甜味 ☆☆☆☆☆
辣味 ☆☆☆☆☆
香味 ★★★☆☆

07
椒鹽乾煎百頁

縮時祕密武器
平底鍋

食用份量

準備工作 1-2
百頁豆腐切 0.5 公分片狀，蔥切末

烹調料理 1
百頁豆腐煎至金黃色

烹調料理 2
取出盛盤撒上胡椒鹽

食材
百頁豆腐 2 條，蔥 1/2 枝

調味料
胡椒鹽 1 大匙

準備工作
1. 蔥洗淨、切末。
2. 把百頁豆腐洗淨，均切成約 0.5 公分的薄片備用。

烹調料理
1. 平底鍋中倒入 2 大匙油，以中火加熱後，等鍋中出現油紋，就可以把百頁豆腐放入，轉小火慢煎，煎到百頁豆腐兩面都金黃上色即可取出盛盤。
2. 食用前再撒上胡椒鹽，或者想要沾醬油膏也很對味。

Viola's TIPS
百頁豆腐很多時候都會用來做成滷味，或是放入湯裡面。不過經過乾煎，口感上會大不相同。

Viola's TIPS

1. 豆干不建議切得太薄，有點厚度，吃起來的口感會更好。
2. 韭菜花屬於易熟的食材，所以開蓋後就要進行快炒的步驟，不要在鍋裡炒太久，以免失去脆口度。

鹹味 ★☆☆☆☆
甜味 ☆☆☆☆☆
辣味 ☆☆☆☆☆
香味 ★★★☆☆

08 韭菜花炒豆干

縮時祕密武器
炒鍋

食用份量

3分	5分	5分
準備工作 1-2 汆燙五香豆干切片，韭菜花切段，處理辛香料	烹調料理 1 豆干煸出香氣	烹調料理 2 放入辛香料韭菜花一起炒香後調味

食材

韭菜花 200 公克，五香豆干 5 片，辣椒 1 根，蒜頭 4 小瓣

調味料

鹽 1 小匙，糖 1/2 小匙，米酒 2 大匙

準備工作

1. 五香豆干洗淨，放到滾水裡面汆燙，時間大概是 5 分鐘，撈出瀝乾，等待涼一些，切成 0.5 公分厚的片狀。
2. 韭菜花洗淨，稍微把尾端粗纖維的地方切除，切成與豆干一致的長度；辣椒洗淨，去除頭尾，切片；蒜頭去除外皮、切末。

烹調料理

1. 鍋中倒入 1 大匙油，開中火把油加熱，等鍋中出現油紋，就可以把豆干放入，煸出香氣，直到豆干表現出現金黃色澤後即可移到鍋邊。
2. 接著放入辣椒、蒜末、韭菜花一起炒香，直到香氣逸出，就可以放入調味料拌炒一下，蓋上鍋蓋，轉中大火後燜煮約 1 分鐘，開蓋後快速拌炒到韭菜花熟透就可以撈出盛盤。

鹹味 ★★☆☆☆
甜味 ☆☆☆☆☆
辣味 ★★☆☆☆
香味 ★★★☆☆

09 下酒涼拌豆干

準備工作 1
處理辣椒、蒜頭、香菜

烹調料理 1-2
汆燙五香豆干乾
所有材料一起調味

縮時祕密武器
炒鍋

食用份量

食材
五香豆干 200 公克，辣椒 1 根，香菜 4～5 枝，蒜頭 3 小瓣

調味料
香油 1 大匙，醬油膏 1 大匙，辣豆瓣醬 1 大匙，麻辣醬 1 大匙

準備工作
1. 辣椒洗淨，去除頭尾及籽，切末；蒜頭去除外皮、切末；香菜洗淨後切小段。

烹調料理
1. 五香豆干洗淨，放到滾水裡面汆燙，時間大概是 5 分鐘，撈出瀝乾水分，均切成 6 等份的丁狀。
2. 取一個乾淨的大碗，放入豆干及辣椒末、蒜頭末、香菜段以及所有調味料一起拌勻後即可盛盤。

Viola's TIPS
1. 這道料理其實冷吃或是熱食都可以，如果是夏天，可以事先製作好，放入冰箱，要吃飯時再取出做成開胃前菜也是非常適合。
2. 豆干可以到傳統市場購買非基因改良的會比較好，挑選時避免表面摸起來有黏膩感，或是聞起來不要有異味，新鮮度會更好。
3. 這裡所使用的麻辣醬，在一般超市可以買到，如果喜歡麻辣味更重的人，可以另外再多加一大匙的麻辣醬。

鹹味 ★★☆☆☆
甜味 ★☆☆☆☆
辣味 ★☆☆☆☆
香味 ★★★☆☆

10
肉末雞蛋豆腐

縮時祕密武器
炒鍋

食用份量

準備工作 1-2
雞蛋豆腐切片
處理辛香料

烹調料理 1-2
小火 慢煎豆腐到金黃上色，豬絞肉炒出香氣

烹調料理 3
加入調味料煮滾後加入豆腐略收汁

食材
豬絞肉〈粗粒〉150 公克，雞蛋豆腐 1 盒，蔥 2 枝，辣椒 2 根

調味料
豆瓣醬 2 大匙，蠔油 1 大匙，糖 1 小匙，水 100 ml

準備工作
1. 將雞蛋豆腐取出，均切成 12 等分。
2. 辣椒洗淨，去除頭尾，切片；蔥洗淨、去除根部，切末。

烹調料理
1. 鍋中倒入 2 大匙油，開中火把油加熱，等鍋中出現油紋，就可以把雞蛋豆腐放入，轉小火慢煎，煎到豆腐都金黃上色，即可先取出裝盤備用。
2. 接著把豬絞肉平鋪放入鍋中，以中火煎煮到聞到香味，再進行翻炒，不需要一開始就一直翻動。
3. 豬絞肉翻炒均勻表面熟成後，放入調味料一起翻炒煮滾後，再把雞蛋豆腐加入一起燒煮，改成大火約燒煮 5 分鐘，醬汁不必收到太黏稠的狀態，起鍋前撒上蔥花跟辣椒片。

Viola's TIPS
1. 煎雞蛋豆腐時，如果使用的是一般鍋剷，比較容易把豆腐翻破，所以建議使用比較軟的耐熱矽膠鍋剷，這樣翻動豆腐時，比較不會有裂開的狀態。
2. 這道料理主要是帶有鹹辣風味，屬於帶湯汁的拌飯菜色。

11 豆皮海苔卷

縮時祕密武器
平底鍋

準備工作 1-2
生豆皮攤開每片包入一片韓式海苔片

烹調料理 1
小火慢煎豆包到金黃上色

烹調料理 2
用保鮮膜固定後對切

食用份量

食材

生豆包〈生豆皮〉5 片，韓式海苔 5 小片

準備工作

1. 生豆皮洗淨攤開，每片生豆皮包入一片韓式海苔片，捲起後收口朝下備用。

烹調料理

1. 平底鍋中倒入 2 大匙油，開中火加熱，等出現油紋，放入一片生豆包，將兩面煎到微黃上色即可取出，再依序將其他生豆包煎好後取出。
2. 在料理台上鋪上保鮮膜，放上煎好的豆包，並將其展開成長條狀，放入韓式海苔片，再將豆包捲起，利用保鮮膜來固定豆包卷，兩邊也要捲緊成圓柱狀，等待 15 分鐘以上後即可對半切開，排入盤中。

Viola's TIPS

1. 這道料理會使用韓式海苔，是因為它的鹹味跟麻油的風味較重，所以不用額外使用太多的調味料，味道就很足夠。如果不想使用韓式海苔，而是以一般的海苔來製作，風味上可能就沒有這麼好。
2. 如果想要沾其他醬汁一起食用，建議以和風醬油最為對味。

鹹味 ★☆☆☆☆
甜味 ☆☆☆☆☆
辣味 ★☆☆☆☆
香味 ★★★☆☆

Viola's TIPS

這道菜最大的祕訣就在於，使用的油要夠多，油溫要夠熱，這樣倒進去的蛋液才會膨脹。

12 青蔥烘蛋

準備工作 1-2
蔥切末
雞蛋加入蛋液調味料拌勻

烹調料理 1-2
入蔥花蛋液倒入平底鍋中小火慢煎到表面上色，再翻面即可盛盤

縮時祕密武器
平底鍋

食用份量

食材
雞蛋 3 顆，蔥 4 枝

調味料
鹽 1 小匙，胡椒少許

準備工作
1. 蔥洗淨後，切除根部後切末。
2. 雞蛋打入碗中，加入蔥末、調味料一起攪拌均勻備用。

烹調料理
1. 平底鍋中倒入 4 大匙油，開中火加熱，等出現油紋，一次倒入蔥花蛋液。
2. 轉成小火慢煎至表面上色，再翻面，將另一面也煎到金黃上色至熟透，即可撈出盛盤。

鹹味 ★☆☆☆☆
甜味 ★☆☆☆☆
辣味 ☆☆☆☆☆
香味 ★★★☆☆

13
鴻禧菇美乃滋炒蛋

縮時祕密武器
炒鍋

食用份量

準備工作 1-2
鴻禧菇切除根部分小株
雞蛋加入蛋液調味料拌勻

烹調料理 1
鴻禧菇炒出香味
微黃上色

烹調料理 2
倒入蛋液拌炒加入
調味料翻炒盛盤

食材
鴻禧菇 1 包，雞蛋 2 顆，蔥 1 枝

蛋液調味料
鹽 1/8 小匙，胡椒粉 1/8 小匙

料理調味料
沙拉醬 1 大匙，鹽 1/8 小匙，胡椒粉 1/8 小匙

準備工作
1. 鴻禧菇洗淨，切除根部，分小株；蔥洗淨、切末。
2. 雞蛋打入碗中，加入蛋液調味料一起攪拌均勻備用。

烹調料理
1. 鍋中倒入 1 大匙油，開中小火加熱，等出現油紋，放入鴻禧菇後轉成小火進行拌炒，炒出香味且微黃上色。
2. 倒入蛋液後快速拌炒，並加入調味料，火力維持中小火即可，等蛋液稍微凝固後加入蔥末，熄火翻炒一下即可盛盤。

Viola's TIPS
這裡使用沙拉醬做調味，因為沙拉醬本身帶有油脂，所以與蛋液一起拌炒，可以增加雞蛋的軟嫩度，口感更好。

14 木須炒蛋

縮時祕密武器
平底鍋

準備工作 1-2
紅蘿蔔與黑木耳切絲，蔥切末，雞蛋拌勻

烹調料理 1
蛋液倒入平底鍋以中小火炒至 6 分熟盛出

烹調料理 2
紅蘿蔔絲、黑木耳炒出香味將蛋倒鍋中調味撒上蔥花盤

食用份量

食材
黑木耳 150 公克，紅蘿蔔 1/2 根，蔥 2 枝，雞蛋 2 顆

調味料
鹽 1 小匙，糖 1/2 小匙，胡椒粉 1/4 小匙，香油 1 大匙

準備工作
1. 所有食材洗淨，紅蘿蔔去除外皮與黑木耳均切絲，蔥切末。
2. 雞蛋打入碗中攪拌均勻備用。

烹調料理
1. 平底鍋中倒入 2 大匙油，開中火加熱，等出現油紋，一次倒入蛋液，等蛋液稍微凝固即能進行攪拌的動作，炒至 6 分熟，呈現半凝固的狀態，時間約 30 秒即可先盛盤裝出備用。
2. 觀察鍋裡如果還有剩餘的油脂，就不另外加油，再將紅蘿蔔絲、黑木耳絲進行拌炒，炒出香味或是變軟，即可將蛋倒鍋中，並加入調味料以及 1 大匙的水，改大火一起翻炒至湯汁收乾，起鍋前約 30 秒，撒上蔥花即可撈出盛盤。

鹹味 ★☆☆☆☆
甜味 ☆☆☆☆☆
辣味 ☆☆☆☆☆
香味 ★★★☆☆

Viola's TIPS
蛋炒到 6 分熟時，要先撈出備用，不要在鍋裡太久，以免口感變老。

15 洋蔥炒蛋

2分	3分	3分
準備工作 1-2 洋蔥切絲，雞蛋攪拌均勻	烹調料理 1 蛋液倒入平底鍋以中小火炒至 6 分熟盛出	烹調料理 2 洋蔥炒出香味將蛋倒鍋中調味撒上蔥花盛盤

縮時祕密武器

平底鍋

食用份量

食材

雞蛋 2 顆，洋蔥 1 顆

調味料

鹽 1 小匙，糖 1/2 小匙，水 2 大匙

準備工作

1. 洋蔥洗淨，切除頭尾及外皮，順紋切絲。
2. 雞蛋打入碗中攪拌均勻備用。

烹調料理

1. 平底鍋中倒入 2 大匙油，開中火加熱，等出現油紋，一次倒入蛋液，等蛋液稍微凝固即能進行攪拌的動作，炒至 6 分熟，呈現半凝固的狀態，時間約 30 秒即可先盛盤裝出備用。
2. 觀察一下鍋裡，如果還有剩餘的油脂。就不另外加油，再將洋蔥倒入拌炒，炒出香味或是變軟，即可將蛋倒鍋中，並加入調味料，改大火一起翻炒約 30 秒，即可撈出盛盤。

Viola's TIPS

蛋炒到 6 分熟時，要先撈出備用，不要在鍋裡太久，以免口感變老。

鹹味 ★☆☆☆☆
甜味 ☆☆☆☆☆
辣味 ☆☆☆☆☆
香味 ★★★☆☆

鹹味 ★☆☆☆☆
甜味 ★☆☆☆☆
辣味 ☆☆☆☆☆
香味 ★★★☆☆

16 玉米雞肉蒸蛋

縮時祕密武器
電鍋

食用份量

2分 準備工作 1-2
雞蛋拌勻。雞胸肉切成 1.5 公分小丁

3分 烹調料理 1-2
蛋液中加入調味料、雞胸肉、熟毛豆仁、玉米粒拌勻

3分 烹調料理 3
放入電鍋中蒸熟即可取出

食材

雞蛋 2 顆，雞胸肉 100 公克，熟毛豆仁 50 公克，玉米粒 50 公克

調味料

日式醬油 22 ml，清水 178 ml

準備工作

1. 將雞蛋打入碗中，攪拌均勻。
2. 雞胸肉洗淨後，切成約 1.5 公分的小丁備用。

烹調料理

1. 先將調味料混合拌勻，再倒入蛋液中拌勻，以篩網過篩，不但可去除雜質，也能讓蛋液與調味醬汁混合得更均勻。如果想要口感上更為細緻，建議過篩 2 次。
2. 準備好耐熱容器，將雞胸肉、熟毛豆仁、玉米粒均分到容器裡，但如果想要做表面裝飾，可以預留一些備用，將過篩後的蛋液，均勻倒入 4 杯容器裡。
3. 電鍋外鍋加入 1 杯水，放入容器，蓋上蓋子，留一點細縫，按下開關，蒸煮時間大約 10 分鐘至熟，即可取出，表面用預留食材裝飾。

Viola's TIPS

1. 使用的日式醬油跟清水會是這麼奇妙的比例，主要是要把蛋跟水的比例保持在 1：2 的緣故，這裡所使用的蛋是中小型的，一顆大約是 50 公克，以兩顆的量來計算，100 ml 的蛋液會搭配 200 ml 的調味料與清水，這樣做出來的蒸蛋口感最好。
2. 這裡所使用的容器，每一杯大約 100 ml，所以蒸煮時間是 10 分鐘，如果使用的容器變大，就要增加蒸煮的時間，且蒸好之後立即取出，避免蛋液在電鍋裡面時間越長，口感越老。

17 油豆腐鑲肉

縮時祕密武器
平底鍋

食用份量

準備工作 1-2
方形油豆腐，剪開表面後將裡面挖空到大約到 2/3 處，蔥切末

烹調料理 1-2
挖出來的豆腐、豬絞肉醃料調味料拌勻塞入油豆腐裡

烹調料理 3-4
兩面煎上色加入調味料以中火燒煮至熟即可

食材

方形油豆腐 4 個，豬絞肉 200 公克，蔥 3 枝

醃料調味料

醬油 1 大匙，米酒 1 大匙，糖 1 小匙，胡椒粉 1/4 小匙，玉米粉 1 大匙

調味料

醬油 1 大匙，醬油膏 1 大匙，米酒 1 大匙，糖 1 小匙，水 150 ml

鹹味 ★☆☆☆☆
甜味 ★☆☆☆☆
辣味 ☆☆☆☆☆
香味 ★★★☆☆

準備工作

1. 取一個方形油豆腐，剪開表面後將裡面挖空大約 2/3，留下約 1/3 的豆腐量，剩下的油豆腐也依序完成後備用。
2. 蔥洗淨後去除根部，切末。

烹調料理

1. 準備一個大碗，將挖出來的豆腐、豬絞肉、醃料調味料一起攪拌均勻，攪拌出黏性做成內餡備用。
2. 取適量的肉餡塞入油豆腐裡，並依序塞完所有餡料後備用。
3. 平底鍋中倒入 1 大匙油，開中火把油加熱，等鍋中出現油紋，就可以把豆腐塞有內餡的那一面放入鍋中，其他也依序放入，約煎 2 分鐘，讓肉面熟成後再進行翻動，避免一直翻動而造成皮肉分離。
4. 將肉面朝上，即可加入調味料一起燒煮，蓋上鍋蓋，以中火燒煮約 6~8 分鐘直到肉熟，醬汁不必收到太黏稠的狀態，即可以將油豆腐放在深盤裡。

18 玉子燒

準備工作 1
雞蛋打入碗中，加入味醂拌勻過篩

烹調料理 1
蛋液倒入鍋中滿整個鍋面，待蛋液略微凝固捲到鍋子上方

烹調料理 2
再次倒入蛋液，重複步驟 1 的動作

縮時祕密武器
平底鍋

食用份量

食材
雞蛋 4 顆

調味料
味醂 2 大匙

準備工作

1. 雞蛋打入碗中，加入味醂一起攪拌均勻後，以濾網過篩，做出來的玉子燒表面會更美觀。

烹調料理

1. 玉子燒專用煎鍋裡面，刷上一層薄薄的油，使用小火，倒入適量的蛋液，佈滿整個鍋面，待蛋液略微凝固後，捲起到鍋子的上方。
2. 再次倒入蛋液，佈滿整個鍋面，待蛋液略微凝固後，再捲起。蛋液大約可以分成四次倒入，重複這個動作，依序捲起，直到蛋液倒完煎熟後捲起即可盛盤。

Viola's TIPS

製作這道菜，建議全程使用小火，這樣做出來的玉子燒會嫩口許多。

鹹味 ★☆☆☆☆
甜味 ★★☆☆☆
辣味 ☆☆☆☆☆
香味 ★★★☆☆

鹹味☆★★★★
甜味★★★★★
辣味☆★★★★
香味★★★★★

01 瓠瓜蝦米

縮時祕密武器
炒鍋

食用份量

7分
準備工作 1
瓠瓜切絲；蝦米泡水 5 分鐘撈出瀝乾水分；蒜頭切末

2分
烹調料理 1
爆香蒜末蝦米，加入瓠瓜蝦米水拌炒

5分
烹調料理 2
煮到瓠瓜軟化後加入鹽調味即可

食材

瓠瓜 300 公克，蝦米 1 大匙，蒜頭 3 小瓣，鹽 1 小匙，米酒 1 大匙

準備工作

1. 瓠瓜去皮、切成絲；蝦米洗淨，稍微用清水浸泡大約 5 分鐘，撈出瀝乾水分，蒜頭去皮去除頭尾、切末。

烹調料理

1. 炒鍋中放入 1 大匙的油，開中火加熱，油熱了以後，放入蒜末跟蝦米一起爆香，放入瓠瓜一起拌炒，稍微拌炒後就可以加入蝦米水 2 大匙、米酒 1 大匙，蓋上鍋蓋，用小火燉煮。
2. 在燉煮的過程當中，瓠瓜會出水，開始變軟，燉煮時間大約是 5～6 分鐘，可以開蓋看一下瓠瓜的軟化狀態，如果覺得軟硬程度差不多了，就可以進行調味，原則上只要用鹽巴來做簡單的調味就可以。

鹹味 ★★☆☆☆

甜味 ☆☆☆☆☆

辣味 ☆☆☆☆☆

香味 ★★★☆☆

02 樹子炒水蓮

縮時祕密武器
炒鍋

食用份量

準備工作 1
水蓮去除根部切長段
樹子與米酒混合

烹調料理 3-4
炒香薑絲，放入水蓮
調味料快拌完成

食材

水蓮 1 把〈約 200 公克〉，薑絲 20 公克

調味料

樹子醬 2 大匙，米酒 1 大匙

準備工作

1. 水蓮洗淨，去除根部，切成約 5 公分的長段狀。
2. 將樹子與米酒進行混合。

烹調料理

1. 鍋裡倒入 1 大匙油，用中火加熱，等油熱後，放入薑絲炒出香氣。
2. 放入水蓮以及調味料，改大火快速拌炒，這道料理就算完成。

Viola's TIPS

1. 這道菜屬於客家菜的料理方式，使用的樹子醬本身就已經有鹹度，所以不建議額外加鹽來調味。
2. 樹子有另外的説法就是破布子，因市售品牌眾多，所以鹹度上還是會有差異，尤其在傳統市場的樹子醬，可能鹹度會更重一些，如果買到的樹子醬口味稍微重一些，就要減少用量。

鹹味 ★★☆☆☆
甜味 ☆☆☆☆☆
辣味 ☆☆☆☆☆
香味 ★★★☆☆

03
培根高麗菜

縮時祕密武器
炒鍋 

食用份量  

準備工作 1-2
培根切成 10 片蒜頭切片，高麗菜切小片

烹調料理 1
油熱放入培根小火慢炒到香味逸出

烹調料理 2
放入蒜片、高麗菜、調味料拌炒至熟盛盤

食材
培根 2 片，高麗菜 250 公克，蒜頭 4 小瓣

調味料
鹽 1/2 小匙，糖 1/2 小匙，胡椒粉 1/2 小匙，米酒 2 大匙

準備工作
1. 培根切成小片，一條培根大約切成 10 片左右；蒜頭去除頭部，切片。
2. 高麗菜洗淨，切成大小約 5 公分的小片，或是用手剝成小片狀也可以。

烹調料理
1. 鍋中倒入 1 大匙的油，開中火，油熱後放入培根，以小火慢炒到培根香味逸出。
2. 放入蒜片、高麗菜以及調味料一起拌炒，轉成大火，蓋上鍋蓋，悶煮約 1 分鐘，打開鍋蓋，再略拌一下，即可盛盤端出。其實高麗菜的熟成也是非常快速的，藉由培根一起拌炒，除了多了煙燻的香氣之外，培根也帶有鹹味在，所以進行調味時，份量上可以依照個人的喜好進行調整。

Viola's TIPS
培根本身帶有豐富的油脂，所以在煸炒過程會釋放出油脂，不需要炒到金黃上色的狀態，先下鍋，主要也是要炒出香氣與油脂。

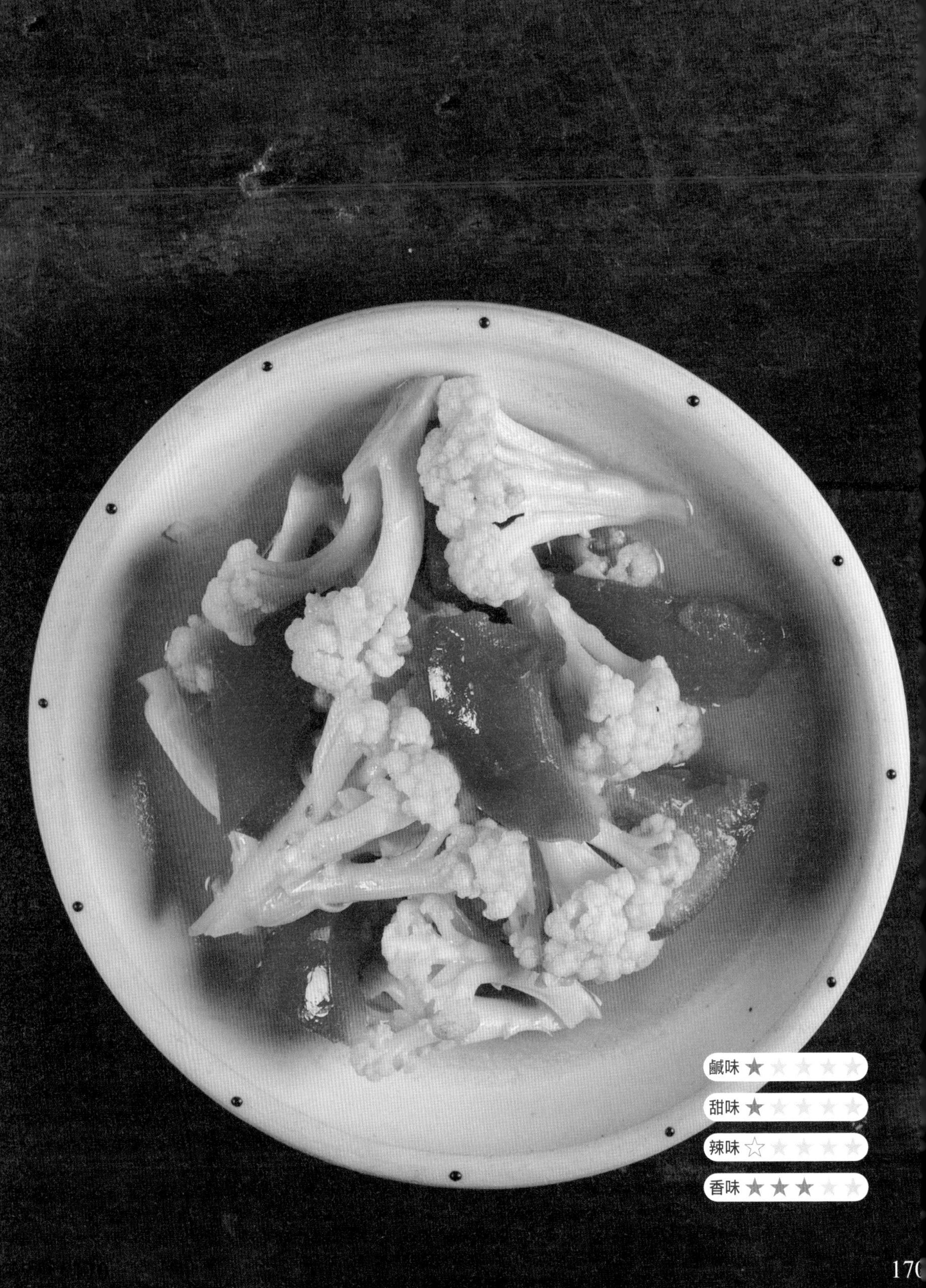
鹹味
甜味
辣味
香味

04
番茄白花菜

縮時祕密武器
炒鍋

食用份量

2分	3分	5分
準備工作 1-2 牛番茄洗淨切成 8 等分，白花菜切小朵去除粗纖維，蒜切末	烹調料理 1 油熱後放入蒜頭及白花菜拌炒	烹調料理 2 加入番茄塊及調味料燒煮

食材
牛番茄 2 顆，白花菜小型 1 個，蒜頭 3 小瓣

調味料
米酒 2 大匙，水 3 大匙，鹽 1 小匙，糖 1 小匙，鰹魚粉 1 小匙

準備工作
1. 牛番茄洗淨，去除蒂頭，對切一半後，再均切成 4 等分的大小。
2. 白花菜以流水沖洗乾淨，切成小朵，並將表面纖維較粗的地方去除；蒜末頭尾及外皮，切末。

烹調料理
1. 鍋裡倒入 1 大匙油，用中火進行加熱，等油熱後，放入蒜頭及白花菜進行拌炒，拌炒時間約 1 分鐘。
2. 加入番茄塊以及調味料裡的米酒跟水一起燒煮，蓋上鍋蓋，時間大約是 5 分鐘，打開鍋蓋，察看一下番茄是不是已燜煮到軟透的狀態，最後加入剩下的調味料快速拌炒，這道料理就算完成。

Viola's TIPS
番茄跟白花菜其實很搭，因為有著微酸的口感與風味。

05 涼拌秋葵

準備工作 1
秋葵的外表可以先用鹽去除外表的絨毛

烹調料理 1-2
汆燙秋葵，撈出後泡入冰水，撈出瀝乾水分後搭配胡麻醬

縮時祕密武器
炒鍋

食用份量

食材
秋葵 10 根

調味料
胡麻醬 3 大匙

準備工作

1. 秋葵去除蒂頭，外表可以先用鹽〈份量外〉搓一下，去除外表的絨毛，這樣燙煮完的口感會更好一些。

烹調料理

1. 準備一鍋滾水，放入 1 大匙的油〈份量外〉以及 1 大匙的鹽〈份量外〉，放入秋葵，汆燙約 3～4 分鐘，撈出，泡入冰水中備用。
2. 把秋葵撈出，瀝乾水分後即可與胡麻醬一起食用。

Viola's TIPS

1. 把汆燙過的秋葵泡入冰水中，可以幫助秋葵定色，不會因為餘熱繼續熟成而影響到翠綠的色澤。
2. 如果不喜歡秋葵頭部過粗的纖維，感覺礙口的人，建議在燙煮過後，再將切除。

鹹味 ☆★★★★
甜味 ★★★★★
辣味 ☆★★★★
香味 ★★★★★

06 雪菜豆包

準備工作 1-2
雪裡紅泡入清水撈出後瀝乾水分，生豆皮切小丁，處理辛香料

烹調料理 1
雪裡紅、辣椒片、蒜末一起拌炒到香氣逸出，加入豆皮丁及調味料炒勻

縮時祕密武器
平底鍋

食用份量

食材
生豆包〈生豆皮〉2 片，雪裡紅 150 公克，辣椒 1 根，蒜頭 4 小瓣

調味料
鹽 1/2 小匙，糖 1 大匙，米酒 1 大匙

準備工作

1. 雪裡紅洗淨，泡入清水中約 10 分鐘，去除雜質還有鹹味，撈出後瀝乾水分備用。
2. 生豆皮洗淨、切成小丁，辣椒洗淨，去頭尾，切片；蒜頭去除外皮、切末。

烹調料理

1. 平底鍋中倒入 2 大匙油，開中火加熱，放入雪裡紅、辣椒片、蒜末一起拌炒到可以聞到香氣。
2. 接著放入豆皮丁一起拌炒，直到豆皮丁的表面有微黃上色，即可加入調味料一起燒煮，燒煮到不帶湯汁就可以準備起鍋。

鹹味 ★★☆☆☆
甜味 ☆☆☆☆☆
辣味 ★☆☆☆☆
香味 ★★★☆☆

Viola's TIPS

1. 雪裡紅原則上都是要事先泡水，去除一些鹽分，這樣料理出來的菜色才不會過鹹，這裡雖然建議要事先泡水至少 10 分鐘以上，但因為各家在製作過程中添加的鹽分大不同，所以鹹度差異很大，如果買到的是高鹹度的雪裡紅，建議一定要多漂洗幾次。
2. 這道料理全程使用中火即可，而雪裡紅要先用油炒過，這樣吃起來才不會澀口。

鹹味 ★☆☆☆☆

甜味 ★☆☆☆☆

辣味 ★★★☆☆

香味 ★★★☆☆

07
韓式辣醬馬鈴薯

縮時祕密武器
平底鍋

食用份量

5分
準備工作 1-2
馬鈴薯去皮切滾刀塊，汆燙瀝乾水分

10分
烹調料理 1
馬鈴薯用小火慢煎到表面都金黃上色，加入調味料燒煮

食材
馬鈴薯 2 顆

調味料
韓式辣醬 1 大匙，味醂 1 大匙，水 2 大匙

準備工作
1. 馬鈴薯洗淨後，去皮、切成滾刀塊，塊狀的馬鈴薯原則上是切成 2 公分左右。
2. 煮一鍋滾水，把馬鈴薯放入滾水裡面汆燙，大約 2～3 分鐘，就可以取出瀝乾水分備用。

烹調料理
1. 準備一個平底鍋，鍋裡放入 1 大匙的油，開中火加熱，油熱了以後轉成小火，把已經瀝乾水分的馬鈴薯放入鍋中用小火慢煎，直到馬鈴薯的表面都金黃上色。
2. 加入調味料進行燒煮，讓馬鈴薯塊的表面都沾附醬汁就可以關火。

Viola's TIPS
1. 因為韓式辣醬是屬於比較濃稠的，如果直接放入鍋裡面會比較不容易拌開，所以建議事先調勻，等一下會比較好進行料理的步驟。
2. 這道菜不需要把湯汁收的太稠，帶一點湯汁，一起拌飯吃也是很好吃的。
3. 如果喜歡馬鈴薯帶一點鬆軟的感覺，那就可以讓馬鈴薯在滾水中汆燙的時間拉長到 5～6 分鐘，這樣子燒煮的時候就不用擔心不夠軟化。
4. 這道菜是用韓式辣醬來做調味，如果對辣度接受不高的人，可以在酌量增加味醂，就可以稍微降低辣度。

鹹味
甜味
辣味
香味

08
大蒜奶油炒培根蘑菇

縮時祕密武器
平底鍋 

食用份量   

3分		8分
準備工作 1-2 培根切小丁、蒜頭切末，蘑菇對半切	→	烹調料理 1-2 培根丁炒出香味，放入蘑菇培根丁、調味料、奶油混合拌炒

食材
培根 2 片，蘑菇 10 顆，蒜頭 5 小瓣

調味料
胡椒粉 1/4 小匙，鹽 1 小匙，奶油 10 公克

準備工作
1. 培根切成小丁；蒜頭去除頭部，切末。
2. 蘑菇洗淨，洗淨，如果是屬於比較中小型的，對半切。

烹調料理
1. 平底鍋中倒入 1 小匙油，開小火，在冷油時放入培根丁，以小火慢炒到培根丁香味逸出，呈現微微的捲曲狀態，就可以把培根丁取出備用。
2. 放入蘑菇，轉成小火進行拌炒，炒到金黃上色，加入蒜末炒出香氣，加入培根丁、調味料、奶油，將所有食材一起混合拌炒，呈現乾爽狀態，這道料理即可盛盤端出。

Viola's TIPS
1. 菇類在煸炒過程會釋放出水分，所以料理時要儘量把水分炒到完全乾透，這樣就可以把香菇表面煎到微黃上色，在熱鍋狀態下撒上胡椒鹽一起拌炒，會讓香氣更足。
2. 蘑菇如果切得過小，容易在拌炒時失去水分，所以不要切得過細小，才能保留多汁的口感。

鹹味
甜味
辣味
香味

09
三杯茭白筍

縮時祕密武器
平底鍋

食用份量

3分
準備工作 1-2
茭白筍去除粗纖維切滾刀塊，處理辛香料

8分
烹調料理 1-2
冷油時放入薑片煸出香味加入蒜頭炒香放入茭白筍煸炒到表面上色放入調味料

8分
烹調料理 3
加入辣椒片、蔥段拌炒均勻起鍋前倒入烏醋

食材
茭白筍 6 枝，蒜頭 4 小瓣，蔥 3 枝，辣椒 1 根，薑片 8 片，九層塔 1 大把

調味料
麻油 2 大匙，醬油 2 大匙，米酒 2 大匙，糖 1/2 小匙，烏醋 1 大匙

準備工作
1. 茭白筍洗淨，若尾端纖維比較粗，可以事先切除，切成滾刀塊。
2. 辣椒洗淨去蒂及籽切斜片；蒜頭去皮洗淨；九層塔洗淨；蔥洗淨，切段。

烹調料理
1. 平底鍋裡倒入麻油，在冷油的時候就把薑片放入，用小火把薑片煸出香味，且煎到有點捲曲的狀態，加入蒜頭，炒出香氣。
2. 將火力改成中火，放入茭白筍，煸炒到表面微微上色，即可放入烏醋之外的其他調味料一起進行拌炒。
3. 等到茭白筍被醬料完全裹覆，即可加入辣椒片、蔥段一起拌炒均勻，起鍋前再沿著鍋邊倒入烏醋，最後加入九層塔一起拌炒即可熄火端出。

Viola's TIPS
1. 加入烏醋的三杯茭白筍，不會讓味型變成酸味，反而可以讓整體風味更為提升，且有更好的解膩效果。
2. 購買茭白筍時，可以觀察一下底部切口，如果白晰平滑，組織比較細膩的，料理出來的口感會比較嫩；如果底部切面可以看到黑色斑點，可能就沒那麼鮮嫩，所以在購買時，可以稍微觀察一下。

鹹味
甜味
辣味
香味

10
豆豉炒山蘇

縮時祕密武器
平底鍋

食用份量

3分		8分		8分
準備工作 1-2 山蘇洗淨切段狀 豆豉洗淨瀝乾	→	烹調料理 1 鍋油熱放豆豉炒香 放山蘇拌炒	→	烹調料理 2 蓋鍋悶煮至山蘇變軟 即可

食材

山蘇 300 公克，豆豉 1 大匙

準備工作

1. 山蘇洗淨，去除比較硬的莖部，再切成段狀。
2. 豆豉洗淨後，瀝乾水分。

烹調料理

1. 鍋中放入 1 大匙的油開中火加熱，等油熱了以後放入豆豉進行拌炒，炒出香後放入山蘇拌炒一下。
2. 蓋上鍋蓋燜煮約 1～2 分鐘，把鍋蓋打開，觀察一下山蘇是不是有炒軟，如果變軟，這道菜色就算完成了。

Viola's TIPS

1. 這道菜其實不需要太久的時間做拌炒，通常像是葉菜類的食材，拌炒熟成時間是很快的，所以不建議炒太久，如果炒得太久，一方面菜的顏色會變的不漂亮，如果炒過久，變得有點太軟會沒有脆口感。
2. 這道菜原則上都是使用中火就可以。

酸味 ★★☆☆☆

甜味 ★☆☆☆☆

辣味 ☆☆☆☆☆

香味 ★★★☆☆

11
紅燒冬瓜

縮時祕密武器
平底鍋

食用份量

準備工作 1-2
冬瓜去皮籽，切塊狀
蒜頭切末

烹調料理 1-2
中火煎絞肉，入冬瓜蒜末炒香，入調味料轉中小火，蓋鍋燒煮至冬瓜微透明

烹調料理 3
大火燒煮 8 分鐘撒上蔥花，完成

食材
冬瓜 300 公克，豬絞肉 150 公克，蒜頭 3 小瓣，蔥末 1 大匙

調味料
醬油 2 大匙，糖 2 大匙，米酒 1 大匙，水 200 ml，番茄醬 1 大匙，豆瓣醬 1 大匙

準備工作
1. 冬瓜去除外皮及籽，洗淨，切成每一塊約 2 公分的立方體。
2. 蒜頭洗淨，去除頭尾及外皮，切末。

烹調料理
1. 平底鍋中倒入 1 大匙油，以中火加熱後，等鍋中出現油紋，就可以把絞肉放入，平鋪在鍋面，煎出香氣後，再去翻動絞肉。
2. 絞肉煎到熟成變色，即可放入冬瓜塊及蒜末一起拌炒，炒到蒜末的香氣逸出，就可以加入調味料，轉中小火蓋上鍋蓋，燒煮時間約 15 分鐘，讓冬瓜確實的滷透，開蓋後觀察冬瓜如果呈現微透明的狀態，表示已經滷透。
3. 改成大火，燒煮約 8 分鐘，最後撒上蔥花完成。

Viola's TIPS
冬瓜滷到微透明的狀態，口感上會比較鬆綿，這道料理方式非常簡單，是很下飯的一道配菜，如果有點想吃醬滷風味菜時，這道是不錯的選擇。

鹹味 ★★☆☆☆

甜味 ☆☆☆☆☆

辣味 ☆☆☆☆☆

香味 ★★★☆☆

12
鹹蛋苦瓜

縮時祕密武器
平底鍋

食用份量

準備工作 1-2
苦瓜去切成薄片，蛋黃加入油拌散；蛋白切碎，辣處理辛香料

烹調料理 1-2
汆燙苦瓜片，把拌好的鹹蛋黃倒入鍋中，加入苦瓜拌炒

烹調料理 3
加入蛋白、米酒，炒勻加入辣椒片及蔥末拌炒一下

食材

白玉苦瓜〈中大型〉1 顆，鹹蛋 3 顆，辣椒 1 根，蔥 1 枝

調味料

米酒 1 大匙

準備工作

1. 白玉苦瓜洗淨，去除頭尾及籽，切成 0.2～0.3 公分的薄片。
2. 鹹蛋去殼，將蛋白與蛋黃分開，並將蛋黃放入容器裡，加入 1 大匙的油，一起混合拌散；蛋白取約 2 顆的量，切碎備用。
3. 辣椒洗淨，去蒂及籽，切斜片；蔥洗淨，切末。

烹調料理

1. 準備一鍋滾水，放入苦瓜片，汆燙約 3 分鐘，撈出備用。
2. 平底鍋裡倒入 2 大匙油，把拌好的鹹蛋黃倒入鍋中，用鍋鏟不斷的攪拌，這時蛋黃就會不斷的冒出泡泡，要炒到泡泡變得很多且綿密的狀態，這時才把苦瓜放入拌炒。
3. 加入切碎的蛋白以及米酒，一起拌炒均勻，最後加入辣椒片及蔥末一起拌炒一下，即可熄火端出，這道菜原則上使用中火即可。

Viola's TIPS

1. 白玉苦瓜事先汆燙過，除了可以幫助熟成外，同時也可以降低一點苦瓜的苦味。
2. 這道菜為了拌炒蛋黃，所以加入的油脂會稍微多一些，但是使用多一點油脂，這樣蛋黃才有可能拌炒到起泡，也才有可能綿密的黏覆在苦瓜上，所以以正統作法，這道菜油脂會比較多一點，但如果不想太油膩，在鍋裡加入的就可以減為 1 大匙，但起泡程度也會相對變少許多。

鹹味
甜味
辣味
香味

13 涼拌柴魚韭菜

縮時祕密武器
平底鍋 

食用份量  

準備工作 1（3分）
韭菜切除根部粗纖維的部分洗淨備用

烹調料理 1（6分）
韭菜燙煮撈出，切成4公分長段

烹調料理 3（3分）
把韭菜排列在盤子，淋上醬油膏撒上柴魚片跟白芝麻

食材

韭菜 200 公克，柴魚片一小把，白芝麻 1 大匙

調味料

醬油膏 1 大匙

準備工作

1. 先把韭菜洗淨以後，切除根部粗纖維的部分，如果有稍微黃掉的部分也要去除洗淨以後備用，這時候先不要切。

烹調料理

1. 準備一鍋滾水，水滾以後放入 1 大匙的油，以及 1 大匙的鹽，再放入韭菜燙煮時間大約是 3 分鐘，就可以把韭菜撈出，讓它稍微冷卻。
2. 把燙煮好的韭菜稍微對齊，再把它切成大約 4 公分左右的長段。
3. 準備一個盤子，把韭菜排列在上面，淋上醬油膏撒上柴魚片跟白芝麻，這道菜色就完成。

Viola's TIPS

1. 這道菜色常出現在小吃攤上，就是因為它的製作過程真的不會太困難。重點在於擺盤排列上不要太雜亂，建議的作法是不要先切，等燙煮好之後再進行切段，這樣子在排列組合上會比較漂亮一點。
2. 這是一道不需要料理功夫的菜色，喜歡這道菜的人，在家就可以快速完成的。

14 蘆筍炒竹輪

準備工作 1-2
竹輪切成條狀，蘆筍去除根部粗纖維與紅、黃彩椒均切成長條狀，蒜頭切末

烹調料理 1-2
蘆筍、紅、黃椒燙煮約 3 分鐘撈出

烹調料理 3
拌炒竹輪蒜末炒出香氣，加入調味料、奶油融化後，放入蔬菜進行拌炒

縮時祕密武器
平底鍋

食用份量

鹹味 ★☆☆☆☆
甜味 ★☆☆☆☆
辣味 ☆☆☆☆☆
香味 ★★★☆☆

食材

竹輪 100 公，蘆筍 10 枝，紅彩椒 1/4 顆，黃彩椒 1/4 顆，蒜頭 2 小瓣

調味料

醬油 1 大匙，糖 1 小匙，奶油 10 公克，黑胡椒粉 1/4 小匙

準備工作

1. 竹輪洗淨後，切成兩半再切成條狀，長度大約 4 公分，寬度大概是 0.2 到 0.3 公分的條狀。
2. 蘆筍將根部的粗纖維部分去除，均切成 4 公分左右的長條狀。
3. 紅、黃彩椒去籽也切成 4 公分左右的長條狀。蒜頭去除頭尾，去除外皮，切末。

烹調料理

1. 準備一鍋滾水，水滾以後 加入 1 大匙的油，以及 1 大匙的鹽巴，把蘆筍放入滾水中氽燙時間約 3 分鐘就可以撈起去除水分備用
2. 接著放入紅、黃彩椒，氽燙約 1 分鐘就可以撈起備用。
3. 平底鍋裡面放入 1 大匙的油用中火加熱，油熱後放入竹輪、蒜末進行拌炒，稍微拌炒出香氣以後就可以加入調味料、奶油，等奶油確實融化並已經沾覆鍋裡面的竹輪表面，就可以放入剛剛燙過的蔬菜，快速進行拌炒後起鍋。

食材

菠菜 300 公克，蒜頭 4 小瓣，辣椒 1 根

調味料

鹽 1 小匙，糖 1/4 小匙，米酒 1 大匙

準備工作

1. 菠菜洗淨，切除根部，再均切成約 4 公分的長段。
2. 辣椒洗淨去除頭部、切片；蒜頭去除頭尾及外皮，切末。

烹調料理

1. 鍋中放入 1 大匙的油，開中火加熱，油熱以後放入蒜片跟辣椒片一起炒香。
2. 炒出香味後就可以放入菠菜進行拌炒，最後加入調味料，這時可以轉成大火蓋上鍋蓋，稍微燜煮約 2 分鐘，把鍋蓋打開，呈現鮮綠軟化的狀態時就可以加入調味料拌炒一下起鍋。

鹹味 ★☆☆☆☆

甜味 ★★☆☆☆

辣味 ☆☆☆☆☆

香味 ★★★☆☆

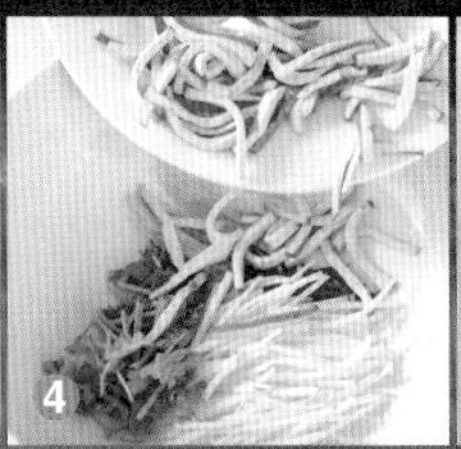

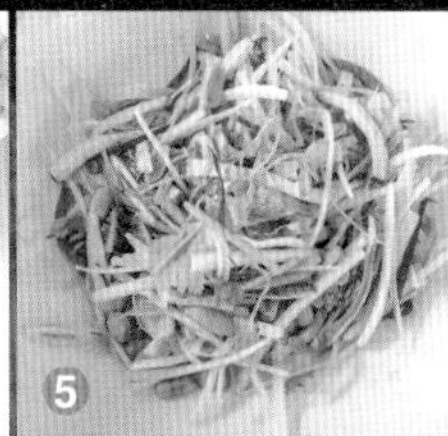

16
涼拌大白菜

縮時祕密武器
炒鍋

食用份量

準備工作 1-2
大白菜切細絲泡冰水
辣椒切片；
香菜切小段

烹調料理 1
豆干切絲汆燙撈出
瀝乾冷卻

烹調料理 3
所有食材、調味料混合拌勻，撒上花生粒
即可

食材

大白菜 200 克，五香豆干 4 片，香菜 2 枝，辣椒 1 根，花花生粒 30 公克

調味料

鹽 1.5 小匙，糖 2 大匙，檸檬汁 30 ml，香油 1 大匙

準備工作

1. 大白菜洗淨後切成細絲，泡入冰塊水中。
2. 辣椒洗淨去籽、切片；香菜洗淨後去除根部，切成小段。

烹調料理

1. 五香豆干切絲後放入滾水中汆燙 5 分鐘（圖 1），撈出（圖 2）、瀝乾（圖 3），等到豆乾稍微冷。
2. 把所有食材以及調味料全部混合拌勻（圖 4），最後撒上花生粒這道菜色就完成了（圖 5）。

Viola's TIPS

1. 這道菜如果是在餐廳出現，會有一個特別的名字叫「松柏長青」，它就是大白菜涼拌料理，通常屬於前菜的菜色。
2. 大白菜泡入冰水一方面可以增加脆口度，另一方面也可以稍微把菜的澀味給去除。

鹹味
甜味
辣味
香味

17
香滷香菇

縮時祕密武器
炒鍋

食用份量

準備工作 1
泡發洗淨的乾香菇

烹調料理 1
平底鍋中倒入 1 大匙油，在冷油時放入薑片及蔥段小火煸香

烹調料理 3
放入蠔油、紹興酒一起拌炒到有醬香味出現加入水把醬汁煮滾加入香菇，約滷 15 分鐘

食材
乾香菇 15 朵，薑片 4 片，蔥段 2 枝

調味料
蠔油 1 大匙，紹興酒 1 大匙，白胡椒粉 1/4 小匙，水 200 ml

準備工作
1. 乾香菇稍微沖水洗淨，放入冷水中泡發約 1 個小時，直到確實泡發即可，泡發香菇的水，可以直接取代調味料裡的水，不夠部分再補足到 200 ml。所以如果要製作這道菜，我的方式通常會在前一晚把香菇放入水中泡發，冰入冰箱，下班後就可以直接進行製作，不必等。

烹調料理
1. 平底鍋中倒入 1 大匙油，在冷油時放入薑片及蔥段，以小火煸香，觀察薑片有沒有略微捲曲。
2. 放入蠔油、紹興酒一起拌炒到有醬香味出現，即可加入水，並改中火把醬汁煮滾，加入香菇，約滷 15 分鐘左右就可以熄火盛出上桌。

Viola's TIPS
1. 購買香菇時，可以選擇台灣的高山香菇、鈕釦菇或是埔里香菇。
2. 選擇在一般雜糧行購買，新鮮度會好一點。
3. 泡發乾香菇時，建議使用冷水，若使用太溫熱的水，會影響到整體香氣。

準備工作 1
杏鮑菇稍微洗淨，切滾刀狀

烹調料理 1
在冷油時放入杏鮑菇用小火慢煎

烹調料理 2
把水分炒到完全乾透，表面煎到微黃上色，撒上胡椒鹽一起拌炒

平底鍋

食用份量

食材

中型杏鮑菇 3 支

調味料

胡椒鹽 1 小匙

準備工作

1. 杏鮑菇稍微沖水洗淨，切成滾刀狀。

烹調料理

1. 平底鍋中倒入 1 小匙油，在冷油時放入杏鮑菇用小火慢煎。
2. 菇類在煸炒過程會釋放出水分，所以料理時要儘量把水分炒到完全乾透，這樣也可以把香菇表面煎到微黃上色，在鍋熱的狀態下撒上胡椒鹽一起拌炒，會讓香氣更足。

Viola's TIPS

杏鮑菇的大小差異極大，這裡所選用的是比較偏中型，所以如果買到的杏鮑菇比較大，就要調整胡椒鹽的用量。

19 照燒什錦菇

準備工作 1
鮮香菇均切成 4 等分，杏鮑菇切滾刀塊，蒜頭切末

烹調料理 1
冷油時放入杏鮑菇、鮮香菇末煸香

烹調料理 1-2
加入調味料及蒜末燒煮到收汁撒上白芝麻即可

縮時祕密武器
平底鍋

食用份量

食材
鮮香菇 150 公克〈約 8 朵〉，杏鮑菇 2 根，蒜頭 2 小瓣〈約 20 公克〉，白芝麻 1 小匙

調味料
醬油 2 大匙，味醂 2 大匙，米酒 1 大匙，水 2 大匙

準備工作
1. 食材洗淨。鮮香菇均切成 4 等分。
2. 杏鮑菇切成滾刀塊，蒜頭去除頭部，切末。

烹調料理
1. 平底鍋中倒入 1 小匙油，開小火，在冷油時放入杏鮑菇、鮮香菇一起煸香，菇類在煸炒過程會釋放出水分，所以料理時要儘量把水分炒到完全乾透，這樣也可以把香菇表面煎到微黃上色。
2. 加入調味料及蒜末，一起燒煮到醬汁收稠，即可撒上白芝麻後盛盤。

鹹味 ★★☆☆☆
甜味 ★☆☆☆☆
辣味 ☆☆☆☆☆
香味 ★★★☆☆

鹹味 ★☆☆☆☆
甜味 ★★☆☆☆
辣味 ☆☆☆☆☆
香味 ★★★☆☆

20
塔香杏鮑菇

縮時祕密武器
炒鍋

食用份量

準備工作 1
杏鮑菇稍洗淨切滾刀狀，九層塔洗淨

烹調料理 1
小火慢煎杏鮑菇到表面煎到微黃上色

烹調料理 2-3
加入調味料讓醬汁收稠加入九層塔快速拌炒均勻

食材
中型杏鮑菇 4 支，九層塔 1 大把

調味料
蠔油 1 大匙，米酒 1 大匙，水 3 大匙

準備工作
1. 杏鮑菇稍微沖水洗淨，切成滾刀狀。
2. 九層塔洗淨後備用。

烹調料理
1. 鍋中倒入 1 大匙油，開中火加熱，等出現油紋，放入杏鮑菇用小火慢煎。
2. 菇類在煸炒過程會釋放出水分，所以料理時要儘量把水分炒到完全乾透，這樣也可以把杏鮑菇表面煎到微黃上色。
3. 加入調味料改大火，讓醬汁可以收到稍微濃稠的狀態，再加入九層塔快速拌炒均勻，即可撈出盛盤。

Viola's TIPS
杏鮑菇的大小差異極大，這裡所選用的是比較偏中型，所以如果買到的杏鮑菇比較大，就要調整調味料的用量。

PART 4

主菜&配菜一次搞定！即使零廚藝也能端出高級感的一鍋料理

01 壽喜燒

縮時祕密武器
深鍋

食用份量

3分	2分	10分
準備工作 1-2 洋蔥、紅蘿蔔切絲柳松菇分小株，蔥切段，蒜頭切片	烹調料理 1 奶油放入鍋中燒融放入蒜頭片、蔥絲還有紅蘿蔔絲拌炒	烹調料理 2 蔬菜炒軟，放入醬料煮滾加入豬肉片、菇類再次煮滾即可熄火上桌

食材

豬梅花火鍋肉片 200 公克，洋蔥 1/2 顆，紅蘿蔔 1/2 根，柳松菇 1 包，蔥 2 根，蒜頭 5 瓣，奶油 10 公克

調味料

日式醬油 100 ml，味醂 30 ml，水 200 ml

準備工作

1. 洋蔥去皮、切絲；紅蘿蔔去皮、切絲。
2. 柳松菇去除根部，分成小株，洗淨，蔥切段，蒜頭切片。

烹調料理

1. 鍋裡放入 1 大匙的油以及奶油，開小火慢慢加熱，奶油融化之後，放入蒜頭片、蔥絲還有紅蘿蔔絲拌炒。
2. 等蔬菜炒軟了後，把醬料加入，醬料煮滾後加豬肉片、菇類，再次煮滾，就可以熄火準備上桌。

鹹味 ★★★☆☆
甜味 ★★☆☆☆
辣味 ☆☆☆☆☆
香味 ★★★☆☆

02 鮮蝦粉絲煲

準備工作 1-3
冬粉泡軟剪成小段，處理辛香料及蝦子

烹調料理 1
深鍋爆香辛香料

烹調料理 2-3
放入白蝦煎到捲曲取出再倒入清水、冬粉及調味料，煮到收汁，擺上蝦子

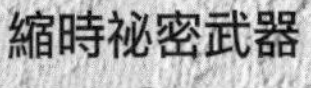

縮時祕密武器
深鍋

食用份量

食材
白蝦 10 隻，冬粉 2 把，蒜頭 3 小瓣，辣椒 1 根，薑 10 公克，蔥 2 根

調味料
醬油 1.5 大匙，醬油膏 1 大匙，糖 1/4 小匙，香油 1 大匙

準備工作
1. 冬粉放入冷水中浸泡約 8～10 分鐘，觀察是否泡軟後，取出，剪成約 4～5 公分的小段。
2. 蒜頭洗淨，去除頭尾及外皮，切末；蔥洗淨，去除根部，切末；薑洗淨後切末；辣椒洗淨去蒂，切末。
3. 蝦子洗淨，將頭部、尾部用剪刀修剪一下，避免食用時被刺到，腸泥也要一併去除。

烹調料理
1. 準備一個深鍋，加入 1 大匙的油，開小火，冷油時就可以放入蒜末、薑末、一半的辣椒末炒出香味。
2. 加入白蝦後煎到變成紅色，呈現捲曲的狀態，代表蝦子已經熟成，可先將蝦子取出備用。
3. 鍋中倒入清水 300 ml，放入冬粉及調味料，開中火煮至冬粉完全吸收醬汁，即可將蝦子擺放入鍋，撒上蔥花及剩下的辣椒末即可端出。

鹹味 ★★★☆☆
甜味 ★★☆☆☆
辣味 ☆☆☆☆☆
香味 ★★★☆☆

03 白菜千層豬肉鍋

縮時祕密武器
深鍋

食用份量 

準備工作 1-2
白菜一開為二，但在根部部分不要切斷，一片一片洗淨以一層白菜一層培根片的堆疊方式後切成4～5等分再把根部切除

烹調料理 1-2
深鍋中直立排入切好的白菜培根排入鍋中儘量排緊密

烹調料理 1-2
放入日式醬油以及清水中火燉煮10～15分鐘

食材
白菜 1/2 顆，培根豬肉片 300 公克

調味料
日式醬油 40 ml，清水 320 ml

準備工作
1. 把白菜一開為二，但在根部部分不要切斷，放入清水中一片一片洗淨。
2. 將洗淨的白菜以一層白菜一層培根片的堆疊方式，依序層層鋪疊好。堆疊完成，依照白菜大小長度來切分成 4～5 等分，等切分完成，再把根部切除。

烹調料理
1. 準備一個大小適合的深鍋，將剛剛切好的白菜培根直立排入鍋中，可以看到一層白菜一層肉片，這樣色澤上會更好看，且儘量排緊密不要留縫細，以免烹煮過程中倒塌，影響美觀。
2. 接著放入日式醬油以及清水，蓋上鍋蓋後以中火加熱，燉煮約 10～15 分鐘，直到白菜有確實的煮軟即可盛盤端出。

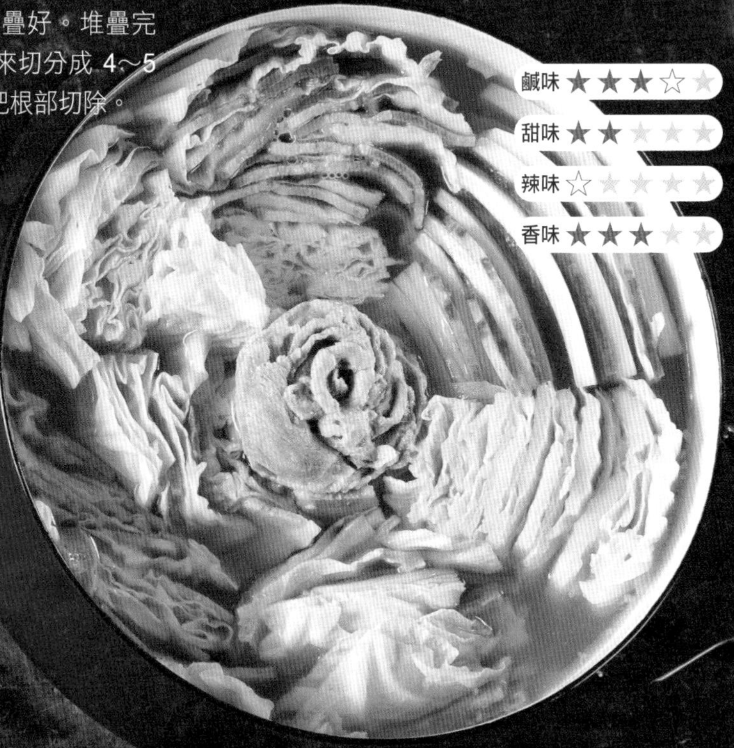

鹹味 ★★★☆
甜味 ★★
辣味 ☆
香味 ★★★

Viola's TIPS
1. 如果購買的是山東大白菜體積比較大的，約可以分成 5 等分。如果是台灣產比較中小型的，分成 4 等分就差不多了。
2. 堆疊完成後再切除根部，這樣比較不會散開。

04 家常絲瓜蛋麵線

縮時祕密武器
深鍋

食用份量

準備工作 1-2
絲瓜去皮及頭尾切成薄片，雞蛋打入碗中拌勻，大蒜切末

烹調料理 1-2
麵線燙煮熟成後，撈出盛盤，蛋液快速的炒到 6 分熟盛出

烹調料理 3
爆香蒜末，放入絲瓜片拌炒加入調味料、水倒入散蛋拌炒一下，淋上香油倒入麵線上即可

食材

絲瓜一條，雞蛋 2 顆，蒜頭 4 小瓣，麵線 1 小把

調味料

鹽 1 小匙，米酒 2 大匙，糖 1/2 小匙，香油 1 小匙，清水 300 ml

準備工作

1. 絲瓜洗淨後去皮及頭尾，對切一半，再切成約 0.2～0.3 公分的薄片。
2. 將雞蛋打入碗中攪拌均勻；大蒜去除頭尾及外皮、切末。

鹹味★★★☆☆
甜味★★☆☆☆
辣味☆☆☆☆☆
香味★★★☆☆

烹調料理

1. 準備一鍋滾水，放入麵線，燙煮熟成後，撈出，放入深盤中。
2. 平底鍋中倒入 2 大匙油，以中火加熱，等出現油紋，倒入蛋液，快速的炒成散蛋到 6 分熟的程度，就可以先盛出備用。
3. 將蒜頭末放入炒出香味，放入絲瓜片進行拌炒，加入調味料、米酒還有水量，蓋上鍋蓋燜煮約 3 分鐘，開蓋之後，觀察絲瓜有軟透的情況下，倒入散蛋拌炒一下，最後淋上香油就可以倒入麵線裡面，一起拌勻後就可以上桌。

CHUM CHURUM
순하리
Peach
鹹味
甜味
辣味
香味

05
韓式部隊鍋

縮時祕密武器
深鍋

食用份量

準備工作 1-2
洋蔥切絲，蔥切段，德式香腸切 3～4 段，混合調味料與高湯、水

烹調料理 1
準備一個湯鍋鋪入洋蔥、韓式泡菜、德式香腸跟火鍋肉片倒入高湯水加熱

烹調料理 2
水滾加入辛拉麵煮到熟軟加入起司片融化拌勻

食材
洋蔥 1/2 顆，豬梅花火鍋肉片 300 公克，韓國泡菜 300 公克，蔥 3 枝，德式香腸 3 支，辛拉麵 1 包，起司片 2 片，雞高湯 500 ml，水 500 ml

調味料
韓式辣醬 2 大匙，味醂 1 大匙，辛拉麵裡面的調味料 1 包

準備工作
1. 洋蔥洗淨，去除頭尾及外皮，切絲；蔥洗淨，切段；德式香腸切 3~4 等分。
2. 調味料與高湯、水一起混合拌勻。

烹調料理
1. 準備一個湯鍋，除了辛拉麵及起司片之外的食材，依序排入鍋中。順序是先鋪入洋蔥、韓式泡菜，再放入德式香腸跟火鍋肉片，再倒入調勻的高湯水，開中火進行加熱。
2. 水滾之後，再加入辛拉麵煮到熟軟，再加入起司片，等起司片融化後，就可以跟辛拉麵一起拌勻後即可端出。

Viola's TIPS
1. 如果辣味接受程度不是那麼高的人，可以酌量減少辛拉麵的調味粉包，或是增加起司片的量來緩和辣度。
2. 喜歡濃郁口感的人，也可以增加起司片的量。
3. 如果非常喜歡肉片口感的人，可以不用事先將肉片排入，而是等到水滾之後再放入肉片，這樣會比較好拿捏熟度。

06 韓式辣炒年糕

縮時祕密武器
深鍋

食用份量

鹹味 ★★★☆☆
甜味 ★★☆☆☆
辣味 ☆☆☆☆☆
香味 ★★★☆☆

準備工作 1-2
雞腿肉切成 6～8 塊，紅蘿蔔、洋蔥去皮與高麗菜皆切絲，蔥切段；香菇切片

烹調料理 1
雞腿塊煎到表面微黃上色放入紅蘿蔔絲、洋蔥絲、高麗菜絲、香菇片拌炒到洋蔥變軟加入年糕、泡菜一起炒勻

烹調料理 2-3
放入韓式辣醬、糖一起拌炒，再倒入水蓋上鍋蓋燒煮 6 分鐘起鍋前加入蔥段盛盤

食材

去骨的雞腿肉 2 片，紅蘿蔔 50 公克，洋蔥 70 公克，高麗菜 100 公克，新鮮香菇 5 朵，韓國年糕 300 公克，韓國泡菜 200 公克，蔥 1 枝

調味料

韓式辣醬 2 大匙，糖 1 大匙，水 250 ml

準備工作

1. 所有材料洗淨。雞腿肉切成塊狀。因為在烹煮的過程中，雞肉會縮水，所以切的時候記得不要切得太小，一片大約切成 6～8 塊。
2. 紅蘿蔔、洋蔥皆去皮，與高麗菜均切絲；蔥洗淨，去除根部，切段；香菇洗淨後切片。

烹調料理

1. 平底鍋中倒入 1 大匙油，以小火加熱，冷油時就可以把雞腿塊皮面朝下排入鍋中，以小火慢煎到表面微黃上色的狀態。
2. 放入紅蘿蔔絲、洋蔥絲、高麗菜絲、香菇片一起拌炒，拌炒到洋蔥變軟釋放出清甜味後，就可以加入年糕、泡菜一起拌炒均勻。
3. 放入韓式辣醬、糖一起拌炒，再倒入水後蓋上鍋蓋，以中小火進行燒煮，大約燒煮約 6 分鐘，打開鍋蓋，觀察一下年糕，如果質地上變軟，表示這道菜已經完成，最後起鍋前加入蔥段就可以撈出盛盤上桌。

Viola's TIPS

1. 煎雞腿排時，記得雞皮面要朝下，把油脂煎出來，也藉由雞皮的油脂，讓後面入鍋的食材可以有更好的香氣。
2. 韓式辣醬一般來說在大賣場就可以買到，因為有一定的辣度，所以可以酌量增加糖的份量，或是起鍋時，加入起司片也可以。
3. 韓式年糕會因為各家品牌不同，所以燒煮時會有時間上的差異，所以料理前可以參考一下包裝上的烹調說明，可以再做適度的調整。
4. 這道料理有蔬菜以及主食，對於想一次搞定一餐的人來說，是非常不錯的選擇。

07 上海菜飯

鹹味 ★★★☆☆

甜味 ★★☆☆☆

辣味 ☆☆☆☆☆

香味 ★★★☆☆

縮時祕密武器
深鍋 

食用份量

準備工作 1-2
米洗淨，青江菜的葉片與菜梗分開切成小丁，培根切小丁狀，紅蔥頭、蒜頭切末

烹調料理 1
培根丁炒出香氣後取出

烹調料理 2
紅蔥頭末及蒜末炒出香氣加入米拌炒，再加入水、培根丁翻炒，倒入電鍋內鍋後到開關跳起，加入青江菜後燜 15 分鐘端出

食材
米 2 杯，青江菜 3 棵，培根 2 片，蒜頭 4 小瓣，紅蔥頭 4 小瓣，水 2 米杯

調味料
鹽 1 小匙，胡椒粉 1/2 小匙

準備工作
1. 米洗淨，瀝乾水分備用。
2. 青江菜洗淨，將葉片與菜梗分開，切成小丁狀。培根切小丁狀，紅蔥頭、蒜頭皆去除外皮、切末。

烹調料理
1. 準備一個鍋子，放入 1 大匙的油，開中火加熱，冷油就把培根丁放入炒香，炒出香氣後，取出備用。
2. 用剛剛炒培根的油，放入紅蔥頭末及蒜末，炒出香氣後，加入洗好的米一起拌炒，加入水與剛剛拌炒過的培根丁翻炒一下，即可倒入電鍋內鍋中，電鍋外鍋加入 1 杯水，按下開關，直到開關跳起，加入青江菜後，蓋上鍋蓋一起燜約 15 分鐘，就能保持青江菜的色澤，之後開蓋，端出。

Viola's TIPS
1. 培根因為是切成丁狀，所以不建議放入鍋中拌炒，以免容易焦化。
2. 如果比較在意風味的人，可以將青江菜跟米飯一起煮，因為蔬菜會釋放出清甜的口感，這樣煮出來其實會更好吃，比較傳統專賣上海菜飯的店家，青江菜的色澤都不會太漂亮，但是風味上卻是很好的，所以可以自行斟酌青江菜加入的時間點。

鹹味 ★★★☆☆

甜味 ★★☆☆☆

辣味 ☆☆☆☆☆

香味 ★★★☆☆

08
關東煮

縮時祕密武器
深鍋 

食用份量 

準備工作 1-2
仿土雞腿洗淨切成 5～8 塊。玉米筍對切一半，香菇表面剪出花紋

準備工作 3
大白菜切成 4～5 公分的片狀；洋蔥切成片狀，竹輪切成段

烹調料理 1-2
準備一個大小適合的深鍋，將所有食材排入鍋中。倒入調勻的調味料，中火煮滾到大白菜軟透

食材
仿土雞去骨腿肉 1 隻，大白菜 300 公克，洋蔥 1/2 顆，竹輪 2 條，板豆腐 4 小塊，玉米筍 5 支，新鮮香菇 3 朵

調味料
日式醬油 100 ml，味醂 50 ml，米酒 50 ml，市售高湯 400 ml

準備工作
1. 仿土雞腿洗淨、大約切成 5～8 塊。
2. 玉米筍洗淨，對切一半；香菇洗淨，在表面剪出花紋。
3. 大白菜洗淨後，切成 4～5 公分的片狀；洋蔥洗淨，切成片狀，竹輪洗淨後，切成 3 公分的段狀。

烹調料理
1. 準備一個大小適合的深鍋，將所有食材排入鍋中。
2. 調味料完全攪拌均勻後，倒入鍋中，以中火煮滾，直到大白菜確實的軟透，這樣甜味才會釋放出來，讓湯頭更清甜，即可盛出。

Viola's TIPS
1. 這道菜所使用的仿土雞腿肉並沒有事先煎過，所以在烹煮的過程中，要適時的把雜質撈出，這樣煮出來的湯汁風味會更清甜，且色澤上會更好。
2. 這道料理也很適合邊煮邊吃，持續加入丸類也是可以的。不過因為會越煮越鹹，所以要適時補上白開水或是高湯。

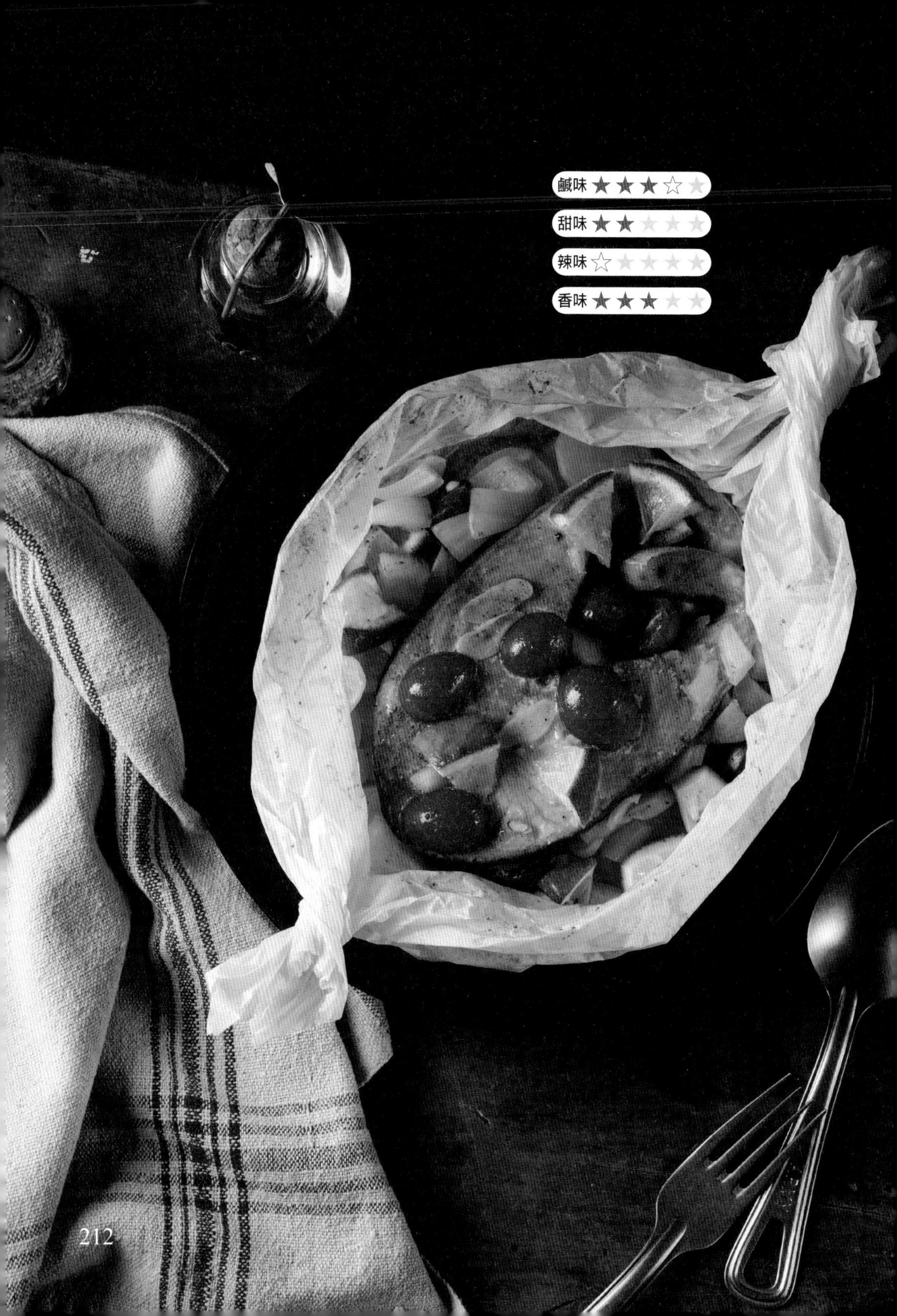
鹹味★★★☆☆
甜味★★☆☆☆
辣味☆☆☆☆☆
香味★★★☆☆

09
義式番茄洋蔥烤魚

縮時祕密武器
烤箱 

食用份量  

準備工作 1-2
鯛魚片切成片狀，牛番茄切薄片，小番茄切半，洋蔥切片

烹調料理 1
烤箱預熱，取一個耐熱容器，以牛番茄、小番茄、洋蔥鋪底再放入鯛魚片，撒上調味料，表面均勻刷上橄欖油

烹調料理 2
放入烤箱中把溫度調成 180℃，大約烤 12 分鐘，取出撒上義式香料

食材

鯛魚片 200 公克，牛番茄 200 公克，小番茄 10 顆，洋蔥 1/2 顆

調味料

鹽 1/2 小匙，黑胡椒粉 1/2 小匙，糖 1/2 小匙，白酒 1 大匙，橄欖油 2 大匙，義式香料 1 小匙

準備工作

1. 鯛魚片洗淨、切成 4 公分×4 公分片狀。
2. 牛番茄洗淨，去除蒂頭，切成 0.5 公分的片狀；小番茄洗淨，去蒂，切半：洋蔥洗淨、去除頭部及外皮，切片。

烹調料理

1. 烤箱預熱至 200℃，或者以 200℃預熱 10 分鐘。
2. 取一個耐熱容器，先將牛番茄、小番茄、洋蔥鋪底，再放入鯛魚片，撒上鹽、黑胡椒、糖、白酒，表面均勻刷上橄欖油，等到烤箱預熱到 200℃之後，即可放入烤箱中，把烤箱的溫度調成 180℃，大約烤 12 分鐘。
3. 取出後，表面可以撒上義式香料，完成上桌。

Viola's TIPS

這道料理有番茄，所以在表面刷上適量的橄欖油，可以讓營養成分更充分釋放，這道菜也會更加分。

鹹味 ★☆☆☆☆
甜味 ★★☆☆☆
辣味 ☆☆☆☆☆
香味 ★★★☆☆

10
紙包鮭魚烤蔬菜

縮時祕密武器
烤箱

食用份量

準備工作 1-2
小番茄切片；鮭魚擦乾水分，馬鈴薯切片、洋蔥去皮；切成約 2 公分左右的立方塊狀；蒜頭切片，檸檬切塊

烹調料理 1
烤箱預熱至 200℃或以 200℃預熱 10 分鐘

烹調料理 2
烤盤鋪上烘焙紙，放入馬鈴薯、洋蔥、鮭魚肉、小番茄烘焙紙兩端捲起，淋上調味料烤熟，食用前淋上檸檬汁

食 材
鮭魚肉 1 片約 300 公克，小番茄 5 顆，馬鈴薯 1 顆，洋蔥 18/2 顆，蒜頭 3 小瓣，檸檬 1/2 個

調 味 料
海鹽 1/4 小匙，胡椒粉 1/4 小匙，橄欖油 1 大匙

準備工作
1. 小番茄洗淨，去蒂、切片；鮭魚肉洗淨，擦乾水分備用。
2. 馬鈴薯去皮後，切片；洋蔥去皮、切成約 2 公分左右的立方塊狀；蒜頭去頭尾及外皮，切片，檸檬洗淨、切塊，調味料拌勻備用。

烹調料理
1. 烤箱預熱至 200℃，或者以 200℃預熱 10 分鐘。
2. 烤盤上事先鋪上烘焙紙，依序將馬鈴薯、洋蔥鋪底，再放入鮭魚肉片，小番茄放最上面，將烘焙紙的兩端捲起，淋上調好的調味料，烤箱預熱好後，就可以放入烤盤上，放入烤箱以後，把烤箱的溫度調成 180℃，大約烤 20 分鐘。期間可以觀察食材的上色程度，顏色逐漸變深，烤到熟成，就可以完成上桌，食用前淋上檸檬汁即可。

鹹味 ★☆☆☆☆

甜味 ★★☆☆☆

辣味 ☆☆☆☆☆

香味 ★★★☆☆

11
檸香蒜味雞腿排

縮時祕密武器
深鍋

食用份量

準備工作 1-2
去骨雞腿肉面劃刀斷筋，馬鈴薯去皮切立方塊；蒜頭切末

烹調料理 1-2
雞塊皮面朝下小火慢煎到兩面上色，放入紅蘿蔔及馬鈴薯塊，也略微煎一下

烹調料理 3
倒入義式香料之外的調味料以及蒜末燒煮到湯汁剩下 2 大匙起鍋，撈出前撒上義式香料

食 材
去骨雞腿肉 2 片，馬鈴薯 1 顆，蒜頭 5 小瓣

調 味 料
海鹽 1/4 小匙，胡椒粉 1/4 小匙，義式香料 1/4 小匙，糖 1 大匙，檸檬汁 35 ml，白酒 2 大匙，清水 150 ml

準備工作
1. 去骨雞腿肉洗淨後，肉面劃刀幫助斷筋。
2. 馬鈴薯去皮後，切成約 2 公分左右的立方塊狀；蒜頭去頭尾及外皮，切末。

烹調料理
1. 使用有點深度的鍋具，倒入 1 小匙油，以小火加熱，油有微溫就能把雞塊皮面朝下排入，以小火慢煎到兩面都金黃上色，並把雞皮的油脂都煎出來。
2. 放入紅蘿蔔及馬鈴薯塊，略微煎一下，這樣可以幫助定型，比較不容易碎裂糊化。
3. 倒入義式香料之外的調味料以及蒜末，開中火進行燒煮，直到湯汁大約剩下 2 大匙的量，即可準備起鍋，撈出前撒上義式香料即可。

Viola's TIPS
這裡所使用的檸檬汁，建議以新鮮現榨的為佳，如果要風味更好，可以酌量加入檸檬皮碎。

鹹味 ★★☆☆☆

甜味 ★★☆☆☆

辣味 ☆☆☆☆☆

香味 ★★★☆☆

12
香烤雞肉蔬菜串

縮時祕密武器
烤箱

食用份量

準備工作 1-2
去骨雞腿肉切 6 ～ 8 塊，紅椒、黃椒、青椒切大塊

烹調料理 1-2
烤箱預熱至 200℃，去骨雞腿肉加入調味料抓醃入味以竹籤依序串起食材

烹調料理 3
串好的雞肉蔬菜串表面刷上調味料，放入烤箱烤熟即可

食 材
去骨的雞腿肉 300 公克，紅椒、黃椒、青椒各 1 個

調 味 料
A：醬油 1 大匙，胡椒粉 1/4 小匙，醬油膏 1 大匙，米酒 1 小匙
B：橄欖油 1 小匙

準備工作
1. 去骨雞腿肉洗淨後，切成約 6～8 塊。
2. 紅椒、黃椒、青椒均洗淨、去蒂及籽，切成大塊。

烹調料理
1. 烤箱預熱至 200℃，或者以 200℃預熱 10 分鐘。
2. 去骨雞腿肉放入碗中，加入調味料 A 一起抓醃入味後，取竹籤依序將雞腿肉及紅椒、黃椒、青椒塊串起，順序可以隨個人喜好排列。
3. 烤盤上事先鋪上烘焙紙，再放入串好的雞肉蔬菜串，表面刷上調味料 B，烤箱預熱好後，就可以放入烤箱的中層，就把烤箱的溫度調成 180℃，大約烤 15 分鐘，可以用竹籤測試一下肉的熟成度。如果可以順利穿透，代表肉已經熟透，即可以完成上桌。

Viola's TIPS

1. 牛肉因為要經過長時間燉煮，通常煮後約會縮小一半，如果喜歡有口感一點的，建議不要切得太小，且浮渣要確實的撈除乾淨，以免影響整體風味。
2. 如果有鑄鐵鍋的人，這道料理建議用鑄鐵鍋來進行，就可以避免裡面的水分蒸發得太多。使用一般鍋具的人，要視情況來調整鍋裡的水量。
3. 在經過一小時的熬煮後，如果牛肉的軟硬度還沒達到你想要的，就可以蓋上蓋子，繼續加熱約 30 分鐘～1 小時，期間必須觀察一下湯汁的量。
4. 這裡面加的紅酒，也會影響到整道菜的風味，如果紅酒風味比較偏酸澀，在最後糖量上，可能就要斟酌加多一點，如果紅酒風味比較偏甜，在最後調味時，糖就可以減少一點。

01
紅酒燉牛肉

縮時祕密武器
深鍋

食用份量

準備工作 1-2
紅蘿蔔、牛番茄切塊；洋蔥切大片；牛里肌切大塊

烹調料理 1
拌炒牛肉塊到表面變色，加入洋蔥炒出香氣

烹調料理 2
入番茄及紅蘿蔔剩下食材小火慢煮 1 小時後調味即可

食材
牛里肌 1000 公克，洋蔥 1 顆，紅蘿蔔 1 枝，牛番茄 3 顆，切碎的番茄罐頭 1 罐，紅酒 300 ml，新鮮迷迭香 1 枝，月桂葉 2 片，清水 600 ml

調味料
鹽 1 小匙，糖 1 大匙，義式香料 1 小匙

準備工作
1. 紅蘿蔔洗淨、去皮，切滾刀塊；牛番茄洗淨後去蒂，切成塊狀；洋蔥去除外皮及頭尾，切成大片。
2. 牛里肌洗淨後切成大塊，大約是 4 公分×4 公分的立方體。

烹調料理
1. 鍋裡放入一大匙的橄欖油，開中小火加熱，等鍋裡有一點熱度之後，就放入牛肉塊拌炒，炒到牛肉表面變色，加入洋蔥片繼續拌炒，炒出香氣。
2. 加入番茄塊跟紅蘿蔔塊進行拌炒，炒完這些食材之後，就可以加入紅酒、清水，以及可以增加色澤的切碎番茄罐頭，開中火把醬汁煮滾後，把表面上的浮渣撈除，放入新鮮香草跟月桂葉，蓋上蓋子，以小火慢煮約 1 小時後，打開鍋蓋，測試一下牛肉的軟硬度是不是自己喜歡的狀態，加入調味料進行調味即完成。

鹹味 ★★☆☆☆

甜味 ☆☆☆☆☆

辣味 ★☆☆☆☆

香味 ★★★☆☆

02
紅燒牛肉

縮時祕密武器
深鍋

食用份量

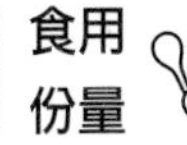

準備工作 1-2
洋蔥、牛番茄切塊；
牛腱切大塊

烹調料理 1
牛肉放入滾水中燙煮
到表面熟成取出

烹調料理 2
洋蔥、紅蘿蔔、薑片、
青蔥稍微炒香，放入所
有食材燒煮 1.5 小時

食材

牛腱肉 900 公克，洋蔥 2 顆，紅蘿蔔 1 根，薑片 3 片，辣椒 1 枝，青蔥 2 枝

調味料

米酒 200 ml，醬油 150 ml，辣豆瓣醬 3 大匙，冰糖 1 大匙，胡椒粉 1 小匙，清水 900 ml

準備工作

1. 洋蔥去皮及頭尾，紅蘿蔔洗淨去皮均切成滾刀塊（比牛肉略小）；青蔥洗淨、對切一半。
2. 牛腱洗淨，切成 4 公分的立方體。

烹調料理

1. 準備一鍋滾水，水滾之後，把牛肉放入滾水中燙煮一下，表面熟成後就可以將它取出。
2. 準備一個深鍋，鍋裡放入 1 大匙油，放入洋蔥、紅蘿蔔、薑片、青蔥稍微煸炒一下，等聞到香味放入牛肉塊一起拌炒一下，放入所有調味料，蓋上鍋蓋，開大火讓醬汁燒滾，轉小火後繼續燒煮約 1.5 小時，打開鍋蓋後，確認牛腱的軟硬度是不是自己喜歡的口感，如果覺得太硬，可以把時間延長 30 分鐘。

鹹味
甜味
辣味
香味

03
番茄燉高麗菜卷

縮時祕密武器
蒸籠 

食用份量 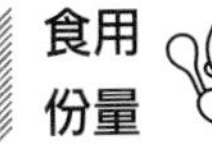   

4分 準備工作 1-2	8分 烹調料理 1-2	30分 烹調料理 3-4
高麗菜片燙煮至有點軟化後取出。洋蔥去頭尾切末	牛絞肉、豬絞肉、洋蔥末及調味料拌出黏性加入麵包粉，取適量以高麗菜葉包捲起	放入電鍋蒸熟，淋上調醬即完成

食 材

高麗菜 5 大片，牛絞肉 200 公克，豬絞肉 200 公克，洋蔥 1/2 顆

調 味 料

肉餡調味：米酒 1 大匙，鹽 1/4 小匙，黑胡椒 1/4 小匙

淋醬：市售義大利肉醬 1 罐，糖 1 大匙，鹽 1 小匙，黑胡椒粉 1/4 小匙，

準備工作

1. 準備一鍋滾水，放入高麗菜片，燙煮約 2 分鐘，讓它有點軟化後取出。
2. 洋蔥洗淨，去頭尾後切末。

烹調料理

1. 取一個大碗，加入牛絞肉、豬絞肉、洋蔥末、米酒、鹽、黑胡椒一起攪拌均勻，攪拌出黏性。
2. 取一片高麗菜葉攤平，放入適量的內餡，捲起，收尾處朝下擺放，依序完成五卷，排入耐熱容器中。
3. 電鍋外鍋加入一杯水，放入高麗菜卷，按下開關後等跳起即可取出。
4. 鍋中放入市售義大利肉醬、糖、鹽、黑胡椒粉以中小火進行燒煮，煮滾後放入高麗菜卷以及連同蒸煮出來的湯汁煮滾，即可盛盤。

鹹味★★★☆
甜味★★
辣味☆
香味★★★

04
可樂滷肉

縮時祕密武器
深鍋

食用份量

準備工作 1-2
紅蔥頭、洋蔥洗淨，去除頭尾切片三層肉以滾水燙煮 6 分鐘切塊

烹調料理 1
深鍋煸炒紅蔥頭、洋蔥至香氣逸出放入豬肉煎到上色

烹調料理 2
加入糖以後進行拌炒加入醬油、米酒、可樂以小火燉煮 30 分鐘

食材
三層肉 450 公克，紅蔥頭 10 小瓣，洋蔥 1/2 個，清水 1000 ml

調味料
醬油 200 ml，米酒 3 大匙，糖 1 大匙，可樂 1 罐 600 ml

準備工作
1. 紅蔥頭、洋蔥洗淨，去除頭尾，切片。
2. 準備一鍋滾水，放入三層肉燙煮約 6 分鐘左右，取出，稍微放涼之後就可以切 5 公分×2 公分的塊狀。

烹調料理
1. 準備一個深鍋，鍋中放入 1 大匙的油燒熱，放入紅蔥頭、洋蔥煸炒一下，炒出香氣，再放入豬肉略微煎一下，煎到表面微黃上色會更好。
2. 加入糖進行拌炒，讓食材在經過與糖一起拌炒後，呈現漂亮的焦糖色澤，加入醬油、米酒、可樂，蓋上鍋蓋，以小火進行燉煮，時間大約 30 分鐘，即可熄火盛出。

Viola's TIPS
1. 製作這道菜建議選擇手工醬油，風味上就不會那麼鹹。
2. 在滷製食材時，加入一點市售氣泡飲料，不管在口感上還是色澤上，都會有不錯的效果。

05 手切滷肉燥

12分		5分		90分
準備工作 1-2 紅蔥頭、洋蔥洗淨，去除頭尾切片三層肉、豬皮燙煮 10 分鐘	→	烹調料理 1 炒香紅蔥頭、蒜頭片，放入豬肉、豬皮拌炒，加入糖一起拌炒到食材呈現焦黃色澤	→	烹調料理 2 加入調味料及清水，改大火煮滾之後轉成小火，蓋上鍋蓋，燜煮約 1～1.5 小時

縮時祕密武器

深鍋

食用份量

食材

三層肉 600 公克，豬皮 100 公克，紅蔥頭 10 小瓣，蒜頭 10 小瓣，清水 1000 ml

調味料

醬油 200 ml，糖 50 公克，五香粉 1 小匙，胡椒粉 1 小匙

準備工作

1. 紅蔥頭、蒜頭洗淨，去除頭尾，切片。
2. 準備一鍋滾水，放入三層肉、豬皮燙煮約 10 分鐘左右，取出，稍微放涼之後就可以切小塊切成 1 公分左右的立方體。

烹[illegible]

1. 鍋裡放入 3 大匙的油，放入紅蔥頭、蒜頭片炒香，炒出微黃色澤，再放入豬肉、豬皮一起拌炒。
2. 煎炒到豬肉一一微黃上色，加入糖一起拌炒到食材呈現焦黃色澤，就可以加入其他調味料以及清水，改大火煮滾之後轉成小火，蓋上鍋蓋，燜煮約 1～1.5 小時。

3. 燜煮約 1 小時，口感上會比較 Q 彈，如果時間為 1.5 小時，口感上會比較軟一些，製作這道菜，可以使用慢鍋來製作，風味上會更接近在外面攤位上吃到的肉燥口感。如果用慢鍋燉煮，油脂會完全跑到表面，所以怕口感太油的人，可以選擇使用慢鍋來製作，但製作時間會更長，大約需要 2～3 個小時。

Viola's TIPS

製作這道菜時，醬油跟水的比例為 1：4 或 1：5，這樣製作出來的風味，比較不會那麼死鹹，如果選擇的是手工醬油，風味會更適中。

鹹味 ★★★☆☆
甜味 ★☆☆☆☆
辣味 ☆☆☆☆☆
香味 ★★★☆☆

06 日式漢堡肉

準備工作 1-2
洋蔥切末，與豬絞肉、牛絞肉、雞蛋、牛奶混合產生黏性加入麵包粉拌勻

烹調料理 1
漢堡肉放入平底鍋煎熟

烹調料理 2
與調味醬汁一起進行滷製

縮時祕密武器

平底鍋

食用份量

鹹味 ★★★☆
甜味 ★★
辣味 ☆
香味 ★★★

食材

豬絞肉 300 公克，牛絞肉 300 公克，洋蔥 1 顆，雞蛋 1 顆，牛奶 50 ml，麵包粉 40 公克

調味料

肉餡調味：糖 1 小匙，鹽 1.5 小匙，黑胡椒 1 小匙

醬汁：紅酒 100 ml，糖 2 大匙，醬油 50 ml，清水 500 ml ，番茄醬 2 大匙

準備工作

1. 洋蔥洗淨，去頭尾後切末。
2. 豬絞肉、牛絞肉放入一個容器中，再放入洋蔥末、雞蛋、牛奶一起混合拌勻，加入內餡調味料一起攪拌均勻到產生黏性，再加入麵包粉一起拌勻，均分成家裡喜歡的大小，再以兩手互拍的方式，讓它成橢圓狀，這樣也是幫助它定型，把所有的漢堡肉依序完成。

烹調料理

1. 準備一個平底鍋，鍋裡放入兩大匙油，並把漢堡肉放入，表面稍微煎一下，煎出香氣來，讓漢堡肉定型，兩面的漢堡肉都需要煎至熟成狀，取出備用。
2. 鍋中放入調味醬汁的所有材料，以中火煮滾，放入漢堡肉後改成小火進行滷製，滷煮的時間大約 10 分鐘，讓漢堡肉充分吸收醬汁即可取出，不論是單吃還是當成漢堡麵包的內餡都非常適合。

鹹味
甜味
辣味
香味

07 西餐紅醬肉燥

縮時祕密武器
炒鍋

食用份量

5分
準備工作 1-2
洋蔥去、紅蘿蔔、西洋芹、蒜頭均切丁

5分
烹調料理 1
冷油時放入洋蔥、紅蘿蔔、西洋芹及蒜頭一起以中小火拌炒

30分
烹調料理 2
放入豬絞肉及牛絞肉，翻炒加入其他材料小火煮 30 分鐘加入調味料

食材

洋蔥 1 顆，紅蘿蔔 1 根，西洋芹 3 片，蒜頭 10 小瓣，豬絞肉 300 公克，牛絞肉 300 公克，番茄塊罐頭 2 罐，番茄糊 2 大匙，月桂葉 2 片，清水 800 ml

調味料

鹽 1 小匙，黑胡椒粉 1/4 小匙，糖 1 大匙，義式香料 1 小匙

準備工作

1. 洋蔥去皮及頭尾，紅蘿蔔去皮，西洋芹去除老皮，蒜頭去頭尾及外膜，均切成丁。

烹調料理

1. 炒鍋中放入 1 大匙的橄欖油，冷油的時候就放入洋蔥、紅蘿蔔、西洋芹及蒜頭一起以中小火拌炒，直到香氣逸出。
2. 放入豬絞肉及牛絞肉，平鋪到鍋子裡面，等煎出肉香味之後再進行翻炒，直到均勻變色後，再加入番茄塊罐頭、番茄糊一起拌炒均勻，加入清水及月桂葉，轉中大火，把湯汁燒煮至滾，煮滾之後轉小火，以小火慢煮，不需要上蓋，約 30 分鐘即可加入調味料，再續煮約 10 分鐘即可熄火，等冷卻之後進行分裝，再全部放入冷凍，在需要上班的日子，只要將肉醬解凍後就是很好的拌麵材料。

Viola's TIPS

1. 家裡有調理機的話，可以用來取代切丁這個動作，就能加快製作速度。
2. 使用番茄罐頭，除了可以節省備料的時間之外，在不是番茄盛產的季節，也是一個可以省錢的小撇步，而且風味上可以掌控得更精準。
3. 加入番茄糊，是可以讓整道菜的色澤上更漂亮，所以很建議額外買來添加。
4. 如果不喜歡罐頭番茄，而是以新鮮番茄來製作，建議選擇不同品種的番茄來製作，風味上會更好。

縮時秘密武器
深鍋

食用份量

15分

準備工作 1-2

白去骨土雞腿放入滾水鍋中加入薑片、蔥段，以小火不滾沸的狀態，浸泡到確實熟透撈出進行冰鎮

10分

烹調料理 1

煮滾中藥材，調味後放冷卻

3分

烹調料理 2

雞腿肉放入容器裡，倒入中藥湯汁蓋上蓋子浸泡 3 天

食材

去骨土雞腿 2 隻，薑片、蔥段各適量，枸杞 20 公克，紅棗 10 顆，參鬚 3 公克，當歸 3 公克，桂枝 3 公克

調味料

紹興酒 200 ml，雞高湯 600 ml，糖 1 小匙，鹽 2 小匙

鹹味 ★☆☆☆☆
甜味 ★★☆☆☆
辣味 ☆☆☆☆☆
香味 ★★★☆☆

準備工作

1. 準備一鍋滾水，放入薑片、蔥段以及去骨土雞腿，以小火不滾沸的狀態，浸泡10 分鐘左右，取一支竹籤戳試，如果可以很順利穿透確實熟透，即可撈出。
2. 把撈出的雞肉泡入冰塊水中，進行冰鎮的動作。

烹調料理

1. 鍋中放入紹興酒、雞高湯、枸杞、紅棗、參鬚、當歸、桂枝一起煮滾，加入鹽、糖調味，等待醬汁冷卻。
2. 取一個有蓋子的容器，放入雞腿肉以及醬汁，蓋上蓋子一起浸泡 3 天。

Viola's TIPS

1. 這是一道冷盤料理，平常準備起來除了可以快速上桌之外，在年節時候，這道菜也非常熱門。
2. 雞腿肉要完全入味，至少需要三天左右，所以這道料理可以提早準備起來，如果一次準備的份量比較多，可以進行分裝，每一隻雞腿，泡在適量的醬汁裡面，就可以移入冷凍庫進行冷凍，要吃的時候取出切片即可，不需加熱。

鹹味 ☆☆☆☆★
甜味 ★★★★★
辣味 ☆★★★★
香味 ★★★★★

09
蔬食雞肉卷

縮時祕密武器
深鍋 

食用份量   

準備工作 1-2
四季豆去除頭尾粗纖維，紅蘿蔔切長條，在去骨雞腿肉面劃幾刀

烹調料理 1
鋁箔紙平鋪，放上去骨雞腿肉，排入四季豆及紅蘿蔔條，捲起

烹調料理 2
放入電鍋按蒸熟，取出後去除鋁箔紙煎至兩面金黃

食材

去骨雞腿肉 3 片，四季豆 10 枝，紅蘿蔔 1 根

準備工作

1. 四季豆洗淨，去除頭尾及粗纖維，紅蘿蔔去皮，切成長條狀。
2. 去骨雞腿肉的肉面劃幾刀，幫助斷筋。

烹調料理

1. 準備一張鋁箔紙平鋪，去骨雞腿肉肉面朝上，放入鋁箔紙中，再排入適量的四季豆及紅蘿蔔條，捲起，左右兩邊也要捲好收起，其他兩片去骨雞腿肉也依序完成。
2. 電鍋的外鍋放入一杯水，將捲好的雞肉捲放入電鍋中，按下開關，等電鍋跳起，雞肉捲就算熟成的狀態，在鋁箔紙微溫的狀態時，就可以把鋁箔紙拆掉，放入平底鍋中，煎至表面金黃即可取出、切片，食用時可以搭配胡椒鹽一起享用。

Viola's TIPS

要特別提醒的是，不要等到鋁箔紙完全冷卻了才去除，因為冷卻後的雞皮很容易黏在鋁箔紙上，會導致雞肉捲的外型不是那麼完整、好看。

鹹味
甜味
辣味
香味

10
藥膳全雞

縮時祕密武器
深鍋

食用份量

準備工作 1
去除土雞裡面的血塊及內臟與屁股邊的油脂

烹調料理 1
抓住雞脖子後把整隻雞放入滾水中汆燙，再把雞拉出水面，重複 3 次

烹調料理 2
土雞放入深鍋中，加米酒清水開小火，去除浮渣加入中藥材燉煮 50 分鐘，入枸杞，續煮 10 分鐘

食材

土雞 1 隻，米酒 1 瓶，清水 1000 ml
中藥材：紅棗 10 顆，枸杞 1 大匙，當歸 12 公克，黃耆 12 公克

調味料

鹽 1 小匙

準備工作

1. 土雞洗淨，去除裡面的血塊及內臟，屁股邊的油脂要去除。

烹調料理

1. 準備一鍋滾水，開大火，水滾之後轉小火，抓住雞脖子，把整隻雞放入滾水中汆燙，再把雞拉出水面，這樣的方式進行三次，也就是三進三出，讓雞肉表皮燙煮熟成，就可以取出備用。
2. 深鍋中放入土雞、米酒跟清水，開小火慢煮，水滾之後表面會出現浮渣及雜質，這時，一定要把它確實撈除乾淨，再加入枸杞之外的中藥材，蓋上鍋蓋，以小火進行燉煮約 50 分鐘，即可放入枸杞，續煮 10 分鐘，確保雞皮的完整性，全程要避免使用大火。

Viola's TIPS

1. 經過三進三出的燙煮動作，可以讓雞皮的表面更完整，煮熟之後也會更漂亮，保持過程中的火力都以小火進行，讓水不要出現大滾的情況。
2. 土雞在燙完之後，如果不是那麼喜歡雞脖子跟雞頭，可以切除掉。
3. 浮渣確實撈除，這樣湯汁才能煮出清甜風味。

台灣廣廈國際出版集團 Taiwan Mansion International Group

國家圖書館出版品預行編目（CIP）資料

縮時料理真輕鬆：下班不用衝！30分鐘開飯的採買&料理訣竅大公開，120道家常菜一網打盡，省時省力不省美味！/ 謝靜儀著.
-- 新北市：臺灣廣廈, 2019.10
面； 公分

ISBN 978-986-130-442-7(平裝)

1.食譜

427.1 108010953

縮時料理真輕鬆

下班不用衝！30分鐘開飯的採買&料理訣竅大公開，120道家常菜一網打盡，省時省力不省美味！

作　　者／謝靜儀
攝　　影／Hand in Hand Photodesign 樸真奕睿影像
編輯中心編輯長／張秀環・**文字校正**／彭文慧
封面設計／林嘉瑜・**內頁排版**／菩薩蠻數位文化有限公司
製版・印刷・裝訂／東豪・弼聖・秉成

行企研發中心總監／陳冠蒨
媒體公關組／陳柔彣
整合行銷組／陳宜鈴
綜合業務組／何欣穎

發 行 人／江媛珍
法律顧問／第一國際法律事務所 余淑杏律師・北辰著作權事務所 蕭雄淋律師
出　　版／台灣廣廈有聲圖書有限公司
發　　行／台灣廣廈有聲圖書有限公司
地址：新北市235中和區中山路二段359巷7號2樓
電話：（886）2-2225-5777・傳真：（886）2-2225-8052

代理印務・全球總經銷／知遠文化事業有限公司
地址：新北市222深坑區北深路三段155巷25號5樓
電話：（886）2-2664-8800・傳真：（886）2-2664-8801
網址：www.booknews.com.tw（博訊書網）
郵政劃撥／劃撥帳號：18836722
劃撥戶名：知遠文化事業有限公司（※單次購書金額未達500元，請另付60元郵資。）

■出版日期：2019年10月
ISBN：978-986-130-442-7